孪生支持向量机：

理论、算法与拓展

丁世飞　著

科学出版社

北　京

内 容 简 介

孪生支持向量机是在支持向量机基础上发展起来的一种新的机器学习方法，它不但继承了支持向量机在处理非线性、高维数分类和回归问题中的特有优势，而且理论上算法训练速度可达支持向量机的4倍。本书系统阐述孪生支持向量机的发展体系和最新研究成果。全书共十章，主要内容包括：统计学习理论基础、支持向量机和孪生支持向量机理论基础、孪生支持向量机的模型选择问题、光滑孪生支持向量机、投影孪生支持向量机、局部保持孪生支持向量机、原空间最小二乘孪生支持向量回归机、多生支持向量机等。

本书可作为计算机科学与技术、控制科学与工程、智能科学与技术等专业的博士生、硕士生以及高年级本科生的教材，也可作为从事人工智能、机器学习、数据挖掘、知识发现、智能信息处理、智能决策分析等研究的相关专业技术人员的参考书。

图书在版编目(CIP)数据

孪生支持向量机：理论、算法与拓展/丁世飞著. —北京：科学出版社，2017.10

ISBN 978-7-03-054837-5

Ⅰ.①孪… Ⅱ. ①丁… Ⅲ.①向量计算机 Ⅳ.①TP38

中国版本图书馆CIP数据核字(2017) 第253260号

责任编辑：惠 雪 曾佳佳／责任校对：邹慧卿
责任印制：赵 博／封面设计：许 瑞

科学出版社 出版
北京东黄城根北街16号
邮政编码：100717
http://www.sciencep.com
北京富资园科技发展有限公司印刷
科学出版社发行 各地新华书店经销
*
2017年10月第 一 版 开本：720 × 1000 B5
2025年 1月第三次印刷 印张：9
字数：180 000
定价：79.00 元
(如有印装质量问题，我社负责调换)

前　言

分类与生产生活息息相关。网络入侵检测、垃圾邮件检测、计算机病毒检测、人脸识别、辅助医疗等重要领域的研究中都要处理分类问题。回归问题也可归结为分类问题。随着科学技术的发展，信息技术的日新月异，一些具有海量、高维、分布式、动态等特征的大规模复杂数据不断涌现，各种信息数据呈指数式增长。传统手工分类已经不能满足信息时代的数据处理要求，各种具有强大分类能力的机器学习算法应运而生。

支持向量机是以统计学习理论为基础，借助最优化方法解决分类、回归等问题的一种传统机器学习方法。该算法能够有效处理非线性、高维数、小样本问题，在很大程度上避免了传统机器学习方法可能遇到的“维数灾难”和“过拟合”问题。但是，支持向量机仍存在一些问题，其中最重要的问题是算法复杂度高，难以适应信息时代的大规模数据。孪生支持向量机是在支持向量机基础上发展而来的一种新算法，该算法在保持支持向量机所具有的优点的基础上，算法速度明显快于传统支持向量机。孪生支持向量机通过求解两个二次规划问题来构造两个超平面，每个二次规划问题的约束条件数目是支持向量机的一半，从而孪生支持向量机的训练速度在理论上可以接近支持向量机的 4 倍。

经过近十年的发展，孪生支持向量机的研究已经取得了丰富的成果，但是这些成果没有得到系统梳理，也未为各应用领域的技术人员所熟悉。本书系统阐述了孪生支持向量机的发展体系，并较全面地介绍了该领域的最新研究成果，主要内容包括：统计学习理论基础、支持向量机理论基础、孪生支持向量机理论基础、孪生支持向量机的模型选择问题、光滑孪生支持向量机、投影孪生支持向量机、局部保持孪生支持向量机、原空间最小二乘孪生支持向量回归机、多生支持向量机、总结与展望等。

本书共 10 章。

第 1 章，统计学习理论基础，主要涉及机器学习的定义、发展史、基础知识和统计学习理论的基础知识。

第 2 章，支持向量机理论基础，支持向量机是以统计学习理论中的 VC(Vapnik-Chervonenkis) 维和结构风险最小化原则为理论基础的一种机器学习方法，支持向量机的提出标志着统计学习实现了从理论到实践的过渡。主要涉及支持向量分类机和支持向量回归机的思想、理论和算法模型。

第 3 章，孪生支持向量机理论基础，孪生支持向量机是在支持向量机基础上提出的一种新的机器学习方法，能够高效处理分类和回归问题。该章论述了孪生支持向量机和孪生支持向量回归机的算法模型，并对相关数学问题进行了必要的分析和推导。

第 4 章，孪生支持向量机的模型选择问题，核函数和惩罚系数的选择很大程度上决定了孪生支持向量机的性能，模型选择是孪生支持向量机研究的中心内容之一，该章论述了基于粗糙集的孪生支持向量机、基于粒子群算法的孪生支持向量机、基于果蝇算法的孪生支持向量机、基于混合核函数的孪生支持向量机、基于小波核函数的孪生支持向量机。

第 5 章，光滑孪生支持向量机，针对光滑孪生支持向量机中 Sigmoid 函数的积分函数对正号函数的逼近能力不强的问题，构造一类多项式函数作为光滑函数，提出了多项式光滑孪生支持向量机；针对光滑孪生支持向量机对异常点敏感的问题，引入 CHKS 函数作为光滑函数，提出了光滑 CHKS 孪生支持向量机模型。从理论上证明了这两种算法的收敛性和任意阶光滑的性能，从实验方面验证了两种算法的有效性和可行性。

第 6 章，投影孪生支持向量机，本章论述了投影孪生支持向量机的基础理论和数学模型，并着重研究了在投影孪生支持向量机及其最小二乘版算法的基础上发展而来的若干新算法，包括：基于矩阵模式的投影孪生支持向量机、非线性模式下的递归最小二乘投影孪生支持向量机、光滑投影孪生支持向量机和基于鲁棒局部嵌入的孪生支持向量机算法。

第 7 章，局部保持孪生支持向量机，针对多面支持向量机学习过程中并没有充分考虑样本之间的局部几何结构及所蕴含的鉴别信息的问题，将局部保持投影思想引入多面支持向量机分类方法中，提出局部信息保持的孪生支持向量机，该方法充分考虑了蕴含在样本内部局部几何结构中的鉴别信息，从而在一定程度上可以提高算法的泛化性能。

第 8 章，原空间最小二乘孪生支持向量回归机，为了提高孪生支持向量回归机的训练速度，引入最小二乘思想，把孪生支持向量回归机的不等式约束条件修改为等式约束条件，得到原空间最小二乘孪生支持向量回归机，该算法直接在原空间对带有等式约束的二次规划问题进行求解，而不是在对偶空间解决这个问题，因此训练速度得到显著提升。

第 9 章，多生支持向量机，多生支持向量机是在孪生支持向量机基础上发展而来的一种多类分类机器学习方法，该算法继承了孪生支持向量机的优点，在处理非线性、多类别的多类分类问题中表现出分类准确率高、训练时间短等优势。本章在介绍多生支持向量机的基础上，论述了多生最小二乘支持向量机、非平行超平面多类分类支持向量机、加权线性损失多生支持向量机等改进算法。

第 10 章，总结与展望，对全书内容进行了总结并对孪生支持向量机未来的发展进行了展望。

本书针对孪生支持向量机研究中的模型选择、模型优化、模型求解方法等重要问题，系统论述了孪生支持向量机的最新研究成果。本书的特点体现在理论与实验有机结合，基础理论与最新研究成果并重，算法描述与数学证明兼顾，清晰地描绘了孪生支持向量机算法的发展现状。其主要成果可概括为：一方面是孪生支持向量机和孪生支持向量回归机的基本理论与数学模型，是全书的基础理论；另一方面源于中国矿业大学–中国科学院智能信息处理联合实验室在近几年取得的高水平创新性研究成果。当然，本书部分内容也参考和吸取了国内外最新的相关研究成果。

本书得到了国家自然科学基金“面向大规模复杂数据的多粒度知识发现关键理论与方法研究” (No.61379101)、“基于谱粒度的广义深度学习及其应用研究” (No.61672522) 和国家重点基础研究发展计划 (973 计划) 课题“脑机协同的认知计算模型” (No.2013CB329502) 的资助。

由于作者水平有限，书中不妥之处在所难免，敬请读者批评指正。

丁世飞

2017 年 5 月

目 录

第 1 章　统计学习理论基础

统计学习理论是一种研究训练样本有限情况下的机器学习规律的学科。统计学习理论从一些观测 (训练) 样本出发，从而试图得到一些目前不能通过原理进行分析得到的规律，并利用这些规律来分析客观对象，从而可以利用规律来对未来的数据进行较为准确的预测。本章主要介绍机器学习的理论基础和统计学习理论的基础知识。

1.1　机器学习

1.1.1　机器学习的定义

机器能否像人类一样具有学习能力呢？1959 年美国的塞缪尔 (Samuel) 设计了一个下棋程序，这个程序具有学习能力，它可以在不断的对弈中改善自己的棋艺。4 年后，这个程序战胜了设计者本人。又过了 3 年，这个程序战胜了美国一个保持 8 年之久的常胜不败的冠军。这个程序向人们展示了机器学习的能力，提出了许多令人深思的社会问题与哲学问题。

什么叫作机器学习 (machine learning)？至今，还没有统一的 “机器学习” 定义，而且也很难给出一个公认的和准确的定义。为了便于进行讨论和估计学科的发展，有必要对机器学习给出定义，即使这种定义是不完全和不充分的。顾名思义，机器学习是研究如何使用机器来模拟人类学习活动的一门学科，其研究目的是从观测数据出发寻找规律，并利用这些规律对未来数据或无法观测的数据进行预测[1,2]。简单地说，就是利用计算机来模拟人的学习能力，以达到自动获取知识的目的。

1.1.2　机器学习的发展史

机器学习是人工智能研究较为年轻的分支，它的发展过程大体上可分为 4 个时期[3]。

第一阶段(20 世纪 50 年代中期~60 年代中期)：这个时期被称为热烈期，所研究的是 “没有知识” 的学习，即 “无知” 学习。在该阶段研究的是各类自组织系统和自适应系统，不涉及与具体任务有关的知识。塞缪尔的下棋程序就是在该阶段研究的成功案例。不过，这种脱离知识的感知型学习系统具有很大的局限性，所取得的学习结果远不能满足人们对机器学习系统的期望。在这个时期，我国研制了数字识别学习机。

第二阶段(20 世纪 60 年代中期~70 年代中期)：这个时期被称为冷静时期，开始模拟人类的概念学习过程，并采用逻辑结构或图结构作为机器内部描述。在这个时期，机器能够采用符号来描述概念，并提出关于学习概念的各种假设。本阶段的代表性工作有温斯顿 (Winston) 的结构学习系统和海斯 · 罗思 (Hayes Roth) 等的基于逻辑的归纳学习系统。虽然这类学习系统获得较大的成功，但只能学习单一概念，而且未能投入实际应用。此外，神经网络学习因理论缺陷未能达到预期效果而转入低潮。

第三阶段(20 世纪 70 年代中期~80 年代中期)：这个时期被称为复兴时期，人们开始从学习单个概念扩展到学习多个概念，探索不同的学习策略和各种学习方法。机器的学习过程一般都建立在大规模的知识库上，实现知识强化学习。并且，本阶段开始把学习系统与各种应用结合起来，并取得了很大的成就。1980 年，在美国的卡内基梅隆大学召开了第一届机器学习国际研讨会，标志着机器学习研究已在全世界兴起。此后，机器归纳学习进入应用。1986 年，国际杂志*Machine Learning* 创刊，迎来了机器学习蓬勃发展的新时期。

第四阶段(20 世纪 80 年代中期至今)：从 1986 年至今，机器学习的研究出现了高潮。同时，随着计算机技术的发展，机器学习有了更强的研究手段和环境。目前出现了符号学习、神经网络学习、进化学习和基于行为主义的强化学习等百家争鸣的局面。

1.1.3　学习问题的表示

机器学习的目的是根据给定的训练样本，估计系统输入与输出之间的依赖关系，使之能够尽可能准确地预测出系统的未来输出[4]。机器学习问题的基本模型，可以用图 1-1 表示。在图 1-1 中，对每个输入变量 x，系统 S 都返回一个输出值 y，学习机器 (LM) 根据对 n 个训练样本 $(x_1, y_1), (x_2, y_2), \cdots, (x_n, y_n)$ 的观察，实现对任意输入变量 x 相对应的输出估计 $\hat{y}$。

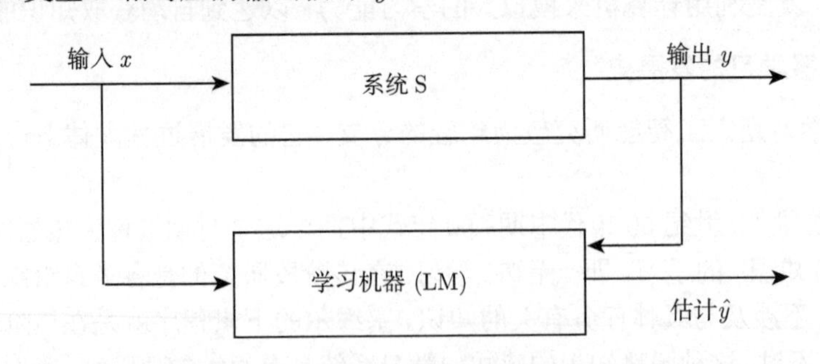

图 1-1　机器学习问题的基本模型

机器学习问题一般可以表示为：变量 y 与 x 存在一定的未知依赖关系，即遵

循某一未知的联合概率 $P(x,y)=P(x)P(y|x)$，机器学习问题就是根据 n 个独立同分布观测样本

$$(x_1,y_1),(x_2,y_2),\cdots,(x_n,y_n) \tag{1-1}$$

在一组函数 $\{f(x,w)\}$ 中，求一个最优的函数 $\{f(x,w_0)\}$，用以对 x 和 y 之间的依赖关系进行估计，使期望风险最小，即

$$R(w)=\int L(y,f(x,w))\mathrm{d}P(x,y) \tag{1-2}$$

其中 $\{f(x,w)\}$ 可以表示任意函数集合，称作预测函数集，w 为函数的广义参数，$L(y,f(x,w))$ 为用 $f(x,w)$ 对 y 进行预测而造成的损失，不同类型的学习问题有不同形式的损失函数。预测函数也称为学习函数、学习模型或学习机器。

一般地，机器学习问题分为模式识别、函数逼近和概率密度估计三种类型。对模式识别问题，输出 y 是类别标号，两类情况下 $y=\{0,1\}$，预测函数称作指示函数，损失函数可以定义为

$$L(y,f(x,w))=\begin{cases}0, & 若y=f(x,w)\\ 1, & 若y\neq f(x,w)\end{cases} \tag{1-3}$$

在函数逼近问题中，y 是连续变量 (这里假设为单值函数)，损失函数可定义为

$$L(y,f(x,w))=(y-f(x,w))^2 \tag{1-4}$$

对于概率密度估计问题，学习的目的是根据训练样本确定 x 的概率密度。若估计密度函数表示为 $P(x,w)$，则损失函数可以定义为

$$L(P(x,w))=-\lg P(x,w) \tag{1-5}$$

1.1.4 经验风险最小化

一般地，$P(x,y)$ 的分布是未知的，因此实际我们无法直接求出期望风险 $R(w)$。在传统的统计学习中，通常采用经验风险来取代期望风险。经验风险可表示为

$$R_{\mathrm{emp}}(w)=\frac{1}{l}\sum_{i=1}^{l}c(y,f(x_i,w)) \tag{1-6}$$

在统计学习中，要求 $R_{\mathrm{emp}}(w)$ 最小化，这就是传统统计学习的经验风险最小化 (empirical risk minimization, ERM) 原则。目前很多机器学习方法都是基于 ERM 原则，比如人工神经网络、最大似然法和最小二乘方法等。然而，即使当样本数目

很大，也不能保证经验风险一定收敛到期望风险，何况在现实中样本数目不可能达到无穷大。因此，ERM 原则在实际应用中往往达不到理想的效果，最典型的一个例子就是神经网络的过学习现象。

1.2 统计学习理论

1.2.1 学习过程的一致性条件

统计学习理论的一个重要基础就是学习过程的一致性，因为只有满足这个条件，才能保证在样本数目无限大时，机器学习的经验风险值趋于其期望风险值。换句话说，只有满足这个条件，才能说明此学习方法是有效的。

定义 1.1 [5] 设 $f(x,w)$ 是式 (1-6) 最小化的函数，其带来的损失函数记为 $L(y,f(x,w))$，相应的期望风险值为 $R(w)$，最小经验风险值为 $R_{\text{emp}}(w)$。若下面两个公式成立，则称此经验风险最小化学习过程是一致的：

$$R(w_l) \underset{l\to\infty}{\to} R(w_0) \tag{1-7}$$

$$R_{\text{emp}}(w_l) \underset{l\to\infty}{\to} R(w_0) \tag{1-8}$$

其中 $R(w_0)=\inf\limits_{w} R(w)$ 为真实的最小风险。

定理 1.1 [6](学习理论的关键定理)　对于有界的损失函数，ERM 原则一致性的充分必要条件为：经验风险 $R_{\text{emp}}(w)$ 在整个函数集 $\{f(x,w)\}$ 上一致单边收敛到期望风险 $R(w)$，即

$$\lim_{l\to\infty} P\{\sup_{f\in\{f(x,w)\}} (R(w)-R_{\text{emp}}(w))>\varepsilon\}=0,\ \forall\varepsilon>0 \tag{1-9}$$

定理 1.1 把学习一致性的问题转化成了式 (1-9) 的一致收敛问题，从而解释了 ERM 在什么样的条件下能够保证是一致的。然而，定理 1.1 并没有说明什么样的函数集是满足这些条件的。为此，在统计学习理论中定义了一些指标来衡量函数集的性能，其中最突出的就是 VC 维。

1.2.2 VC 维

假设我们有一个数据集，包含 N 个数据点，这 N 个数据点可以用 2^N 种方法标记为正例和负例。由此，N 个数据点可以定义 2^N 种不同的学习问题。如果对于这些问题中的任何一个，我们都能够找到一个假设 $h\in\Re$ 将正例和负例分开，那么我们就称 $\Re$ 散列 N 个点。换句话说，可以用 N 个数据点定义的任何学习问题都能够用一个从中抽取的假设无误差地学习。可以被散列的数据点的最大数量称

为 $\Re$ 的 VC 维，记为 VC($\Re$)，它度量假设类 $\Re$ 的学习能力。由以上分析，我们可以得到如下定义。

定义 1.2 [7](VC 维) 若一个函数集的 VC 维为 m，当且仅当存在 m 个样本点 $(x_1,y_1),(x_2,y_2),\cdots,(x_m,y_m)$，函数集能够将这些样本点按所有可能的 2^m 种形式分开，且不存在集合 $(x_1,y_1),(x_2,y_2),\cdots,(x_n,y_n)$(其中 $n>m$) 满足这个性质。

VC 维反映了函数集的学习能力，VC 维越大，则学习机器越复杂 (容量越大)。遗憾的是，目前还没有关于任意函数集 VC 维的通用计算方法，只对一些特殊的函数集可以准确地得到它的 VC 维。

1.2.3 推广性的界

统计学习理论从研究 VC 维出发，系统地阐述了各种类型的函数集的经验风险与实际风险的关系，即推广性的界。对于指示函数集 $f(x,w)$，若损失函数 $L(y,f(x,w))$ 的取值为 0 或 1，则有如下的定理：

定理 1.2 [6] 对于前面定义的两类分类问题，对指示函数集中的所有函数，经验风险和实际风险之间至少以 $1-\eta$ 满足如下关系：

$$R(w)\leqslant R_{\text{emp}}(w)+\sqrt{\frac{h(\ln(2l/h+1)-\ln(\eta/4))}{l}} \tag{1-10}$$

其中 h 代表的是函数集的 VC 维；l 指的是样本数。

定理 1.2 给出的是关于经验风险和实际风险之间误差的上界，它们反映了根据经验风险最小化原则得到的学习机器的推广能力，因此称为推广性的界。这一结论从理论上说明了学习机器的实际风险由两部分组成：一是经验风险，即训练误差；另一部分称作置信范围，它和学习机器的 VC 维及训练样本数有关。式 (1-10) 可以简单地表示如下：

$$R(w)\leqslant R_{\text{emp}}(w)+\varphi\left(\frac{h}{l}\right) \tag{1-11}$$

式 (1-11) 表明，在有限样本情况下，学习机器的 VC 维越高，则置信范围就越大，导致实际风险和经验风险之间的偏差就越大。这就是产生过学习现象的原因。因此，机器学习过程不仅要求经验风险最小，还需要使 VC 维尽可能地缩小置信范围，这样才能得到较小的实际风险，也就是使得算法有较好的泛化性。

1.2.4 结构风险最小化

从上面的结论我们可以看出，ERM 原则在样本有限时是不合理的，我们需要同时最小化经验风险和置信范围，这就是结构风险最小化 (structural risk minimization, SRM) 原则的基本思想。根据式 (1-11)，若训练样本的数目已固定，则 $R_{\text{emp}}(w)$ 和 h 是控制实际风险 $R(w)$ 的两个参数。其中，$R_{\text{emp}}(w)$ 的大小依赖于

机器选用的函数 $f(x,w)$，那样我们就可以通过确定 w 来控制 $R_{\text{emp}}(w)$。并且，VC 维依赖于机器使用的函数集合。为了控制 h，可以建立函数集合与各函数子结构的关系。由此，通过控制对函数的选择来达到控制 VC 维 h 的目的。下面是具体的做法。

将函数集 $F=\{f(x,w)|w\in\Lambda\}$ 看作由一系列的嵌套函数 $F_k=\{f(x,w)|w\in\Lambda_k\}$ 组成，这些子函数满足：

$$F_1\subset F_2\subset\cdots\subset F_k\subset\cdots\subset F,\ \text{且}F=\bigcup_k F_k \tag{1-12}$$

其中 F_k 的 VC 维 h_k 是有限的，且满足 $h_1\leqslant h_2\leqslant\cdots\leqslant h_k\leqslant\cdots$。这样，在同一子集中置信范围是相同的，在每一个子集中寻找最小经验风险，在子集间折中考虑经验风险和置信范围，取得实际风险的最小。图 1-2 展示的是实际风险、经验风险、置信范围以及 VC 维 h 之间的关系。从图中可以看出，随着 h 的增大，经验风险 $R_{\text{emp}}(w)$ 是递减的。根据式 (1-11)，随着 h 的增加，置信范围也随之增加。从图中我们也看出，实际风险 $R(w)$ 是一个凹形的曲线，因此，如要想获取最小的实际风险，就需折中考虑置信范围和经验风险两者的大小。

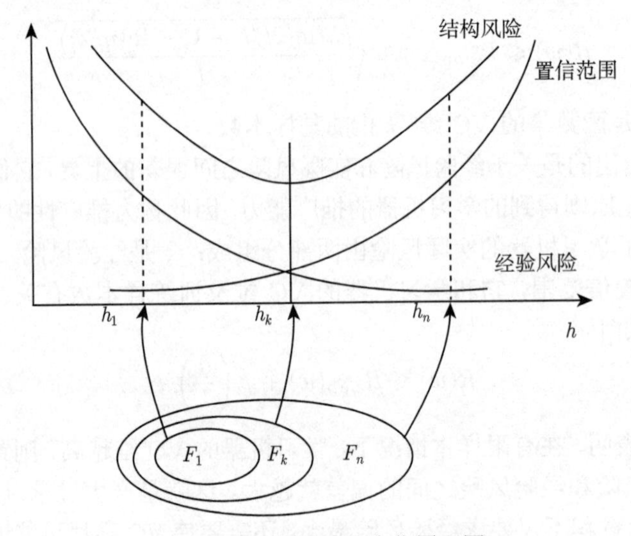

图 1-2　结构风险最小化原理图

SRM 原则为设计更科学的学习机器提供了一条准则，但是这个原则很难实现。主要难点在于如何构造嵌套函数，目前为止还没有一个统一的理论指导。

1.3　本 章 小 结

机器学习是继专家系统之后人工智能应用的又一重要研究领域，也是人工智能和神经计算的核心研究课题之一。本章首先介绍了机器学习的定义、发展史，然后详细介绍了机器学习的理论基础知识和统计学习理论的基础知识。

参 考 文 献

[1] Mitchell T M. 机器学习 [M]. 曾华军, 张银奎，等译. 北京：机械工业出版社, 2003.

[2] Changman S. Intelligent jamming region division with machine learning and fuzzy optimization for control of robot's part micro-manipulative task [J]. Information Sciences, 2014, 256: 211-224.

[3] 邓乃扬, 田英杰. 数据挖掘中的新方法——支持向量机 [M]. 北京：科学出版社, 2004.

[4] Vapnik V N. Statistical Learning Theory [M]. New York:Wiley, 1998.

[5] Vapnik V N. The Nature of Statistical Learning Theory [M]. Berlin: Springer, 1995.

[6] 张学工. 关于统计学习理论与支持向量机 [J]. 自动化学报, 2000, 26(1): 32-42.

[7] Cristianini N, Shawe-Taylor J. 支持向量机导论 [M]. 李国正, 王猛, 曾国华译. 北京：电子工业出版社, 2004.

第2章　支持向量机理论基础

支持向量机 (support vector machine, SVM) 是由 Vapnik 及他的团队于 1995 年提出的一种基于统计学习理论的新型机器学习方法 [1]。SVM 在解决小样本、非线性及高维模式识别问题中表现出许多特有的优势，并能够推广应用到函数拟合等其他机器学习问题中。本章首先介绍了支持向量机的分类模型和回归模型，然后详细介绍了这两种模型的理论知识。

2.1　支持向量分类机

2.1.1　最优分类超平面

支持向量机最初是针对二分类问题提出的，它的几何解释是采用一个超平面将两类样本尽量正确地分开。然而，能够将两类样本正确分开的超平面有很多，我们的目标是要找出最优的超平面，即具有最好泛化性能的分类超平面。在 SVM 分类中是采用最大间隔的思想寻找最优超平面的 [2]。如图 2-1 所示，H 为分类线，H_1 和 H_2 分别为过各类中离分类线最近的样本且平行于分类线的直线，它们之间的距离叫作分类间隔。SVM 要寻找的最优分类线，就是要求分类线不但能将两类正确分开 (训练错误率为 0)，而且使分类间隔 ρ 最大。

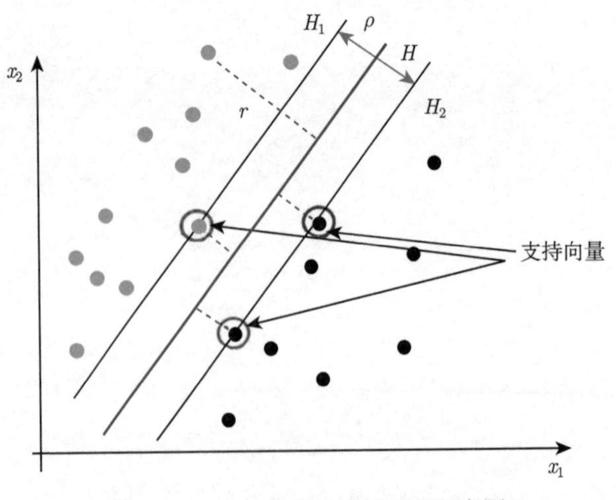

图 2-1　SVM 最优分类超平面示意图

2.1.2 线性支持向量分类机

在 SVM 中，设 (x_i, y_i)，$i=1,2,3,\cdots,n$，为训练样本集，其中，n 为训练样本个数，x_i 为训练样本，$y_i \in \{-1,1\}$ 为输入样本 x_i 的类别，则两类线性可分情况下的判别函数为

$$f(x) = w\varphi(x) + b \tag{2-1}$$

其中 x 为样本向量；w 为权向量；b 表示分类阈值。

假设存在一个平面：

$$f(x) = w\varphi(x) + b = 0 \tag{2-2}$$

使得

$$f(x) = \begin{cases} w\varphi(x) + b > 0, & y_i = 1 \\ w\varphi(x) + b < 0, & y_i = -1 \end{cases} \tag{2-3}$$

则称式 (2-2) 为 SVM 的分类超平面。

为使分类超平面对所有样本正确分类并且具备分类间隔，就要求它满足如下约束：$y_i(w \cdot x_i - b) \geqslant 1$，$i=1,2,\cdots,n$，可以计算出分类间隔为 $2/\|w\|$，因此构造最优超平面的问题就转化为求下面的式子：

$$\begin{aligned} &\min \ \frac{1}{2}\|w\|^2 \\ &\text{s.t.} \quad y_i(w^{\mathrm{T}}x_i + b) \geqslant 1, \quad i = 1,2,\cdots,n \end{aligned} \tag{2-4}$$

为了解决此约束最优化问题，引入拉格朗日函数：

$$L(w,b,a) = \frac{1}{2}\|w\|^2 - \sum_{i=1}^{l} a_i(y_i(w \cdot x_i + b) - 1) \tag{2-5}$$

其中 $a_i > 0$ 为拉格朗日乘子，约束最优化问题的解由拉格朗日函数的鞍点决定，并且最优化问题的解在鞍点处满足对 w 和 b 的偏导数为 0。将该二次规划问题转化为相应的对偶问题，有

$$\begin{aligned} \max \quad & \sum_{j=1}^{l} a_j - \frac{1}{2}\sum_{i=1}^{l}\sum_{j=1}^{l} a_i a_j y_i y_j (x_i \cdot x_j) \\ \text{s.t.} \quad & \sum_{j=1}^{l} a_j y_j = 0, \quad j = 1,2,\cdots,l \\ & a_j \geqslant 0, \quad j = 1,2,\cdots,l \end{aligned} \tag{2-6}$$

解得最优解 $a^* = (a_1^*, \cdots, a_l^*)^{\mathrm{T}}$。计算最优权值向量 $w^* = \sum\limits_{j=1}^{l} a_j^* y_j x_j$ 和最优偏置 $b^* = y_i - \sum\limits_{j=1}^{l} y_j a_j^*(x_j \cdot x_i)$，其中下标 $i \in \{i | a_i^* > 0\}$。因此我们得到最优分类超平面

$(w^* \cdot x) + b^* = 0$，而最优分类函数为

$$f(x) = \text{sgn}(w^* \cdot x + b^*) = \text{sgn}\left[\sum_{j=1}^{l} a_j^* y_j (x_j \cdot x_i) + b^*\right], \quad x \in R^* \tag{2-7}$$

由式 (2-6) 和式 (2-7) 可知，SVM 的最优分类面仅与非零的 a_i 有关，而其对应的样本都是在分类间隔的边上。a_i 非零时对应的样本称为支持向量。式 (2-4) 被称为硬间隔 SVM 模型，而在实际应用中，因为噪声等因素的存在，为了提高 SVM 的泛化能力，会在 SVM 的约束条件中加入松弛变量 $\xi_i \geqslant 0$，则问题 (2-4) 中的目标函数变为

$$\begin{aligned} &\min \frac{1}{2}||w||^2 + c\sum_{i=1}^{n}\xi_i \\ &\text{s.t.} \quad y_i(w^{\mathrm{T}}x_i + b) \geqslant 1 - \xi_i \\ &\qquad\quad \xi_i \geqslant 0, \quad i = 1, 2, \cdots, n \end{aligned} \tag{2-8}$$

其中 c 为惩罚因子。式 (2-8) 表示的是软间隔 SVM 模型。

2.1.3　非线性支持向量分类机

对于非线性情况，SVM 引入核函数，将样本映射到高维空间，从而把线性不可分情况转化为线性可分再进行分类。例如，图 2-2 所示的是两类样本在二维平面上线性不可分，但是把样本映射到三维空间后就可以实现线性可分了。

对于一个非线性模式分类问题，采用恰当的映射方法可以将样本映射到高维空间，从而实现线性可分。但是传统的机器学习方法在使用此方法时遭遇到了 “维数灾难” 的问题，而 SVM 通过引入核函数很好地解决了这个不足。

若存在函数 $k(x_i, x_j) = \phi^{\mathrm{T}}(x_i)\phi(x_j)$，其中 $\phi(x)$ 是从原始空间到高维特征空间的映射，则可避免维数灾难的发生，这就是 SVM 中核方法的思想，而函数 $k(x_i, x_j)$ 被称为核函数。

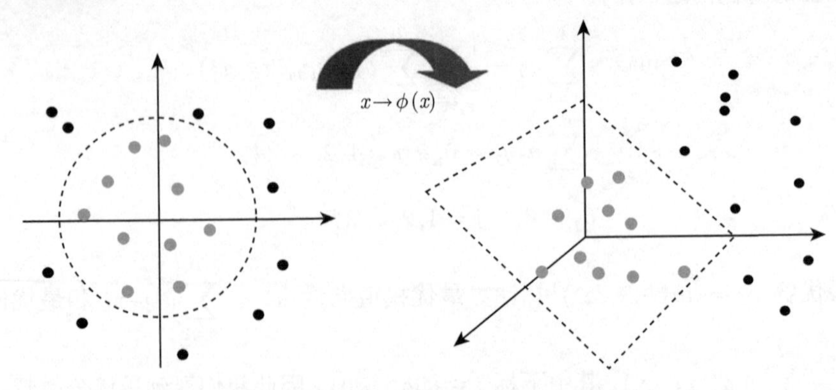

图 2-2　高维空间中线性分类

引入核函数后，SVM 的优化问题为

$$\begin{aligned} &\min \frac{1}{2}\|w\|^2 + c\sum_{i=1}^{n}\xi_i \\ &\text{s.t.} \quad y_i(w^{\mathrm{T}}k(x,x_i)+b) \geqslant 1-\xi_i \\ &\qquad \xi_i \geqslant 0, \quad i=1,2,\cdots,n \end{aligned} \tag{2-9}$$

则对应的最优分类函数为

$$f(x) = \mathrm{sgn}\left[\sum_{j=1}^{l} a_j^* y_j k(x_j \cdot x_i) + b^*\right], \quad x \in R^* \tag{2-10}$$

2.1.4 支持向量

所谓支持向量是指那些在间隔区边缘的训练样本点。根据 KKT 条件 (Karush-Kuhn-Tucker-conditions)，满足 $\alpha_j^* \neq 0$ 的样本对分类起重要作用，被称为支持向量 [3]。

2.1.5 核函数

定理 2.1 (Mercer 条件) 对于任意的对称函数 $K(x,x')$，它是某个特征空间中的内积运算的充分必要条件是，对于任意的 $\varphi \neq 0$ 且 $\int \varphi^2(x)\mathrm{d}x < \infty$，有

$$\iint K(x,x')\varphi(x)\varphi(x')\mathrm{d}x\mathrm{d}x' > 0 \tag{2-11}$$

从计算角度，不论 $\varphi(x)$ 所生成的变换空间维数有多高，这个空间里的线性支持向量机求解都可以在输入空间通过核函数 $K(x,x')$ 进行，这样就避免了高维特征空间里的计算，而且计算核函数 $K(x,x')$ 的复杂度与计算内积并没有实质性的增加 [4]。

任何满足 Mercer 条件的函数都可以作为核函数，目前最常用的核函数有以下四种 [5,6]：

线性函数： $$K(x_i,x) = x_i^{\mathrm{T}}x_j \tag{2-12}$$

多项式函数： $$K(x_i,x) = (\gamma x_i^{\mathrm{T}}x_j + r)^d, \quad \gamma > 0 \tag{2-13}$$

高斯径向基核函数： $$K(x_i,x) = \exp\left(-\frac{\|x_i - x_j\|^2}{\sigma^2}\right) \tag{2-14}$$

S 形函数： $$K(x_i,x) = \tanh(\gamma x_i^{\mathrm{T}}x_j + r)^d \tag{2-15}$$

2.2 支持向量回归机

支持向量回归机 (support vector regression，SVR) 是支持向量机在函数回归领域的应用。

2.2.1 损失函数

损失函数 L 统计决策理论有一个基本出发点：所采取的行动的后果可以数量化。设参数真值为 θ，统计工作者采取的行动为 α，则所遭受的损失可表示为 α 与 θ 的函数 $L(\theta,\alpha)$，称之为损失函数。在一个具体问题中，采取什么损失函数最好，是一个需要进行大量调查研究以至理论工作的问题，这也是在使用决策理论时的一个困难点。

常用的损失函数形式及密度函数如表 2-1 所示。

表 2-1 常用的损失函数和相应的密度函数

损失函数名称	损失函数表达式 $\tilde{c}(\xi_i)$	噪声密度 $p(\xi_i)$
ε 不敏感	$\lvert\xi_i\rvert_\varepsilon$	$\dfrac{1}{2(1+\varepsilon)}\exp(-\lvert\xi_i\rvert_\varepsilon)$
拉普拉斯	$\lvert\xi_i\rvert$	$\dfrac{1}{2}\exp(-\lvert\xi_i\rvert)$
高斯	$\dfrac{1}{2}\xi_i^2$	$\dfrac{1}{\sqrt{2\pi}}\exp\left(-\dfrac{\xi_i^2}{2}\right)$
鲁棒损失	$\begin{cases}\dfrac{1}{2\sigma}(\xi_i)^2, & 若\ \lvert\xi_i\rvert\leqslant\sigma\\ \lvert\xi_i\rvert-\dfrac{\sigma}{2}, & 否则\end{cases}$	$\begin{cases}\exp\left(-\dfrac{\xi_i^2}{2\sigma}\right), & 若\ \lvert\xi_i\rvert\leqslant\sigma\\ \exp\left(\dfrac{\sigma}{2}-\lvert\xi_i\rvert\right), & 否则\end{cases}$
多项式	$\dfrac{1}{p}\lvert\xi_i\rvert^p$	$\dfrac{p}{2\Gamma(1/p)}\exp\left(-\lvert\xi_i\rvert^p\right)$
分段多项式	$\begin{cases}\dfrac{1}{p\sigma^{p-1}}\lvert\xi_i\rvert^p, & 若\ \lvert\xi_i\rvert\leqslant\sigma\\ \lvert\xi_i\rvert-\sigma\dfrac{p-1}{p}, & 否则\end{cases}$	$\begin{cases}\exp\left(-\dfrac{\xi_i^p}{p\sigma^{p-1}}\right), & 若\ \lvert\xi_i\rvert\leqslant\sigma\\ \exp\left(\sigma\dfrac{p-1}{p}-\lvert\xi_i\rvert\right), & 否则\end{cases}$

2.2.2 线性支持向量回归机

假设给定训练集 $\{(x_1,y_1),\cdots,(x_l,y_l)\}\in R^n\times R,\ \ i=1,\cdots,l$。令 $A_{l\times n}$ 为训练样本输入数据集，即 $\{x_k\}_{k=1}^l$；令 $Y_{l\times 1}$ 为训练样本输出数据集，即 $A_{l\times n}$ 对应的回归为 $Y_{l\times 1}=[y_1,y_2,\cdots,y_l]^{\mathrm{T}}$。则 SVR 是根据训练样本集寻找实值函数 $y=f(x)$ 以确立估计模型。为了度量风险误差，需要选择合适的损失函数。Vapnik 等采用式 (2-16) 所示的 ε 不敏感损失函数作为 SVR 的损失函数。

$$|y-f(x)|_\varepsilon=\max\{0,|y-f(x)|-\varepsilon\} \tag{2-16}$$

ε 不敏感损失函数的直观图形如图 2-3 所示。

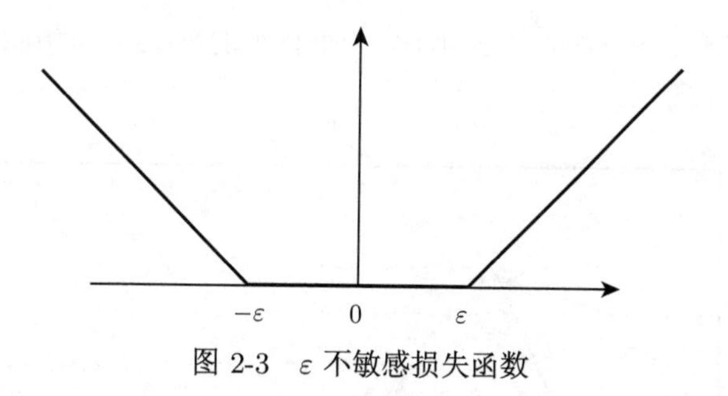

图 2-3 ε 不敏感损失函数

在回归中使用 ε 不敏感损失函数，将会形成一个 ε 不敏感区域，凡是落在区域内的样本将不计算其风险。

先考虑线性情况，采用 ε 不敏感损失函数，我们要寻找一个参数对 (w,b)，使得函数

$$f(x) = w^{\mathrm{T}}x + b \tag{2-17}$$

和实际获得的目标值之间有尽量小的偏差，其中 $w \in R^n$，$b \in R$。与此同时还要做到让它尽可能地平滑，即使得 w 的范数 $\|w\|^2$ 最小。同时考虑超出精度的拟合误差，创造松弛变量 ξ, ξ^*。因此，线性 SVR 的模型可以写成如下的凸规划问题：

$$\begin{aligned} \min \quad & \frac{1}{2}\|w\|^2 + ce^{\mathrm{T}}(\xi + \xi^*) \\ \text{s.t.} \quad & Y - (Aw + be) \leqslant \varepsilon e + \xi, \quad \xi \geqslant 0 \\ & (Aw + be) - Y \leqslant \varepsilon e + \xi^*, \quad \xi^* \geqslant 0 \end{aligned} \tag{2-18}$$

其中 $c > 0$ 是惩罚变量，用于均衡 $f(x)$ 的平滑性和所被允许的超过 ε 的误差之和的作用，e 是全由 1 组成的列向量。

2.2.3 非线性支持向量回归机

对于非线性支持向量回归机，与非线性的分类问题类似，仍然通过某一个非线性变换 φ：$R^n \to \chi$，将训练数据 x 映射到一个高维线性特征空间，然后在高维特征空间进行线性回归。因此，在 χ 空间的线性回归函数可以表示为

$$f(x) = w^{\mathrm{T}}\varphi(x) + b \tag{2-19}$$

并且，非线性支持向量回归机的模型可以表示为如下的凸规划问题：

$$\begin{aligned} \min \quad & \frac{1}{2}\|w\|^2 + ce^{\mathrm{T}}(\xi + \xi^*) \\ \text{s.t.} \quad & Y - (\varphi(A)w + be) \leqslant \varepsilon e + \xi, \quad \xi \geqslant 0 \\ & (\varphi(A)w + be) - Y \leqslant \varepsilon e + \xi^*, \quad \xi^* \geqslant 0 \end{aligned} \tag{2-20}$$

其中 $\varphi(A)=(\varphi(A_1),\varphi(A_2),\cdots,\varphi(A_l))$。一个直观的标准 ε 不敏感非线性 SVR 的几何解释如图 2-4 所示。

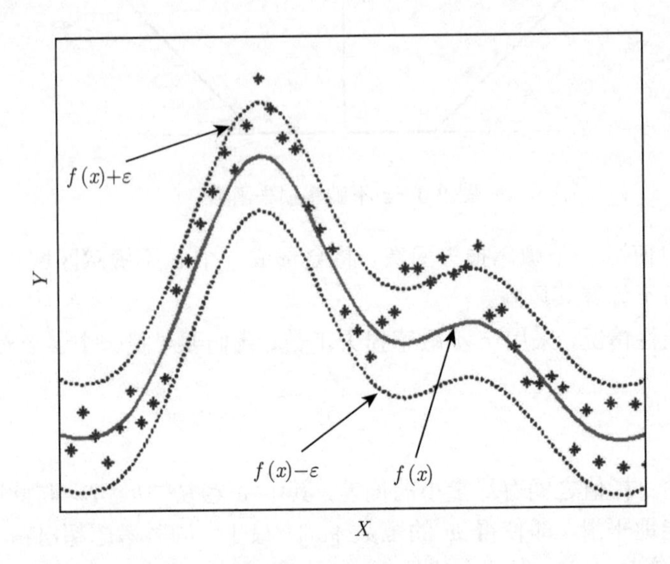

图 2-4　非线性 SVR

因为式 (2-18) 和式 (2-20) 带有不等式约束条件，一般地，求解式 (2-18) 和式 (2-20) 都是通过转化为其对偶问题再进行求解的。比如，对于非线性 SVR 来讲，式 (2-20) 的对偶优化问题，即二次规划问题为

$$\begin{aligned}\min\quad & \varepsilon e^{\mathrm{T}}(\alpha+\alpha^*)-Y^{\mathrm{T}}(\alpha-\alpha^*)+\frac{1}{2}(\alpha-\alpha^*)^{\mathrm{T}}K(A,A^{\mathrm{T}})(\alpha-\alpha^*)\\ \text{s.t.}\quad & e^{\mathrm{T}}(\alpha-\alpha^*)=0\\ & 0\leqslant\alpha,\alpha^*\leqslant Ce\end{aligned}\tag{2-21}$$

其中 $\alpha^*=(\alpha_1^*,\alpha_2^*,\cdots,\alpha_l^*)^{\mathrm{T}}\in R^l$ 是拉格朗日乘子，根据 KKT 优化理论，用一个核函数 $K(x,y)$ 代替 $\varphi(x)\cdot\varphi(y)$ 可以实现非线性回归。求解二次规划 (2-21)，可得非线性 SVR 的回归函数表达式：

$$f(x)=\sum_{i=0}^{l}(\alpha_i^*-\alpha_i)K(x_i,x)+b\tag{2-22}$$

2.3　本 章 小 结

支持向量机是以统计学习理论中的 VC 维和结构风险最小化原则为理论基础的一种机器学习方法，支持向量机的提出标志着统计学习实现了从理论到实践的过渡。本章中，我们详细介绍了支持向量分类机和支持向量回归机的理论思想和算法模型。

参 考 文 献

[1] Vapnik V N. Statistical Learning Theory[M]. New York: Wiley, 1998.

[2] 朱永生，王成栋，张优云. 二次损失函数支持向量机性能的研究 [J]. 计算机学报，2003, 26(8): 982-989.

[3] 曾志强，高济. 基于向量集约简的精简支持向量机 [J]. 软件学报，2007,18(11)：2719-2727.

[4] 丁世飞，齐丙娟，谭红艳. 支持向量机理论与算法研究综述 [J]. 电子科技大学学报, 2011, 40(1): 2-10.

[5] Zhu F, Ye N, Yu W. Boundary detection and sample reduction for one-class support vector machine [J]. Neurocomputing, 2014, 123: 174-184.

[6] Wu J X. Efficient HIK SVM learning for image classification [J]. IEEE Transactions on Image Processing, 2012, 21(10):4442-4453.

第 3 章　孪生支持向量机理论基础

为了提高 SVM 的训练速度，2007 年，Jayadeva 等[1] 在 SVM 的基础上提出了一种新的机器学习方法，称为孪生支持向量机 (twin support vector machines, TWSVM)。和 SVM 不同，TWSVM 要寻找的是两个不平行的分类超平面，要求其中一个超平面离一类样本尽可能地近，离另一类样本尽可能地远。TWSVM 的数学模型是两个形如 SVM 的二次规划问题，从理论上来说，其训练效率是 SVM 的 4 倍。2010 年，Peng[2] 将 TWSVM 推广到了回归问题领域，提出了孪生支持向量回归机 (twin support vector regression, TSVR)。和 SVR 相比，TSVR 的训练速度得到了很大的提高。下面我们详细介绍 TWSVM 和 TSVR 的算法模型。

3.1　孪生支持向量机

给定两类 n 维的 m 个训练点，分别用 $m_1 \times n$ 的矩阵 A 和 $m_2 \times n$ 的矩阵 B 表示 +1 类和 -1 类，这里 m_1 和 m_2 分别代表两类样本的数目。TWSVM 的目标是在 n 维空间中寻找两个非平行的超平面：

$$x^{\mathrm{T}} w_1 + b_1 = 0, \quad x^{\mathrm{T}} w_2 + b_2 = 0 \tag{3-1}$$

要求每一个超平面离本类样本尽可能地近，离他类样本尽可能地远，TWSVM 的基本思想如图 3-1 所示。

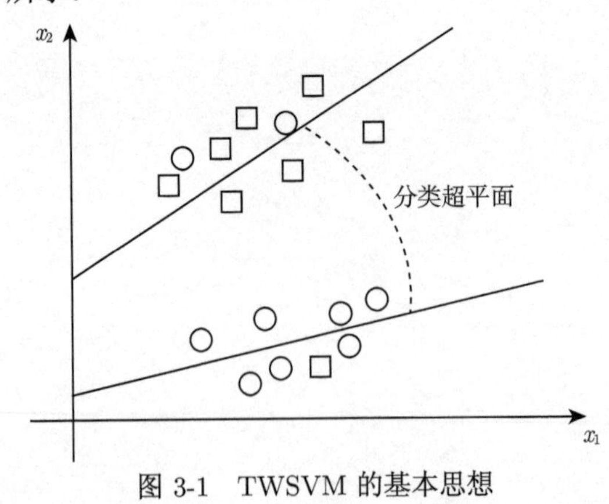

图 3-1　TWSVM 的基本思想

TWSVM 可以归结为求解下面两个二次规划问题：

$$\begin{aligned}\min_{w^{(1)},b^{(1)},\xi^{(2)}} \quad & \frac{1}{2}\left\|Aw^{(1)}+e_1b^{(1)}\right\|^2+c_1e_2^{\mathrm{T}}\xi^{(2)} \\ \text{s.t.} \quad & -\left(Bw^{(1)}+e_2b^{(1)}\right)\geqslant e_2-\xi^{(2)},\xi^{(2)}\geqslant 0\end{aligned} \tag{3-2}$$

$$\begin{aligned}\min_{w^{(2)},b^{(2)},\xi^{(1)}} \quad & \frac{1}{2}\left\|Bw^{(2)}+e_2b^{(2)}\right\|^2+c_2e_1^{\mathrm{T}}\xi^{(1)} \\ \text{s.t.} \quad & \left(Aw^{(2)}+e_1b^{(2)}\right)\geqslant e_1-\xi^{(1)},\xi^{(1)}\geqslant 0\end{aligned} \tag{3-3}$$

其中 c_1,c_2 是两个惩罚参数；e_1,e_2 是两个全由 1 组成的列向量；$A=[x_1^{(1)},x_2^{(1)},\cdots,x_{m_1}^{(1)}]^{\mathrm{T}}$，$B=[x_1^{(2)},x_2^{(2)},\cdots,x_{m_2}^{(2)}]^{\mathrm{T}}$，$x_j^{(i)}$ 表示第 i 类的第 j 个样本。

分析式 (3-2)，我们发现，其目标函数采用的是平方距离的方式进行度量。因此，最小化它的目标函数可以保证第一个超平面离本类样本尽可能地近。同时，约束条件保证了离他类样本尽可能地远。式 (3-3) 也是类似的解释。假设两类样本的数目是相等的，则 TWSVM 的训练时间为 $2\times(m/2)^3$=$m^3/4$，是标准 SVM 的 1/4。

和 SVM 一样，TWSVM 也是通过对偶空间求解其对偶问题的方式来求取最优解。引入拉格朗日乘子 α 和 β，则式 (3-2) 可以写成：

$$\begin{aligned}L(w^{(1)},b^{(1)},\xi^{(2)},\alpha,\beta)=&\frac{1}{2}(Aw^{(1)}+e_1b^{(1)})^{\mathrm{T}}(Aw^{(1)}+e_1b^{(1)}) \\ &+c_1e_2^{\mathrm{T}}\xi^{(2)}-\alpha^{\mathrm{T}}(-(Bw^{(1)}+e_2b^{(1)}) \\ &+\xi^{(2)}-e_2)-\beta^{\mathrm{T}}\xi^{(2)}\end{aligned} \tag{3-4}$$

其中 $\alpha=(\alpha_1,\alpha_2,\cdots,\alpha_{m_2})^{\mathrm{T}}$ 和 $\beta=(\beta_1,\beta_2,\cdots,\beta_{m_2})^{\mathrm{T}}$ 是拉格朗日乘子。由 KKT 条件，我们可以得到

$$A^{\mathrm{T}}(Aw^{(1)}+e_1b^{(1)})+B^{\mathrm{T}}\alpha=0 \tag{3-5}$$

$$e_1^{\mathrm{T}}(Aw^{(1)}+e_1b^{(1)})+e_2^{\mathrm{T}}\alpha=0 \tag{3-6}$$

$$c_1e_2-\alpha-\beta=0 \tag{3-7}$$

$$-(Bw^{(1)}+e_2b^{(1)})+\xi^{(2)}\geqslant e_2,\ \xi^{(2)}\geqslant 0 \tag{3-8}$$

$$\alpha^{\mathrm{T}}(-(Bw^{(1)}+e_2b^{(1)})+\xi^{(2)}-e_2)=0,\ \beta^{\mathrm{T}}\xi^{(2)}=0 \tag{3-9}$$

$$\alpha\geqslant 0,\quad \beta\geqslant 0 \tag{3-10}$$

由于 $\beta\geqslant 0$，由式 (3-8) 可得

$$0\leqslant\alpha\leqslant c_1 \tag{3-11}$$

结合式 (3-5) 和式 (3-6)，我们可以得到

$$\begin{bmatrix}A^{\mathrm{T}} & e_1^{\mathrm{T}}\end{bmatrix}\begin{bmatrix}A & e_1\end{bmatrix}\begin{bmatrix}w^{(1)} & b^{(1)}\end{bmatrix}^{\mathrm{T}}+\begin{bmatrix}B^{\mathrm{T}} & e_2^{\mathrm{T}}\end{bmatrix}\alpha=0 \tag{3-12}$$

我们定义

$$H=\begin{bmatrix}A & e_1\end{bmatrix},\quad G=\begin{bmatrix}B & e_2\end{bmatrix} \tag{3-13}$$

令 $u=\begin{bmatrix}w^{(1)} & b^{(1)}\end{bmatrix}^{\mathrm{T}}$，则式 (3-12) 可以写成：

$$H^{\mathrm{T}}Hu+G^{\mathrm{T}}\alpha=0 \tag{3-14}$$

即有

$$u=-(H^{\mathrm{T}}H)^{-1}G^{\mathrm{T}}\alpha \tag{3-15}$$

由 KKT 条件和式 (3-2)，我们可以得到式 (3-2) 的对偶问题如下：

$$\begin{aligned}\max_{\alpha}\quad & e_2^{\mathrm{T}}\alpha-\frac{1}{2}\alpha^{\mathrm{T}}G(H^{\mathrm{T}}H)^{-1}G^{\mathrm{T}}\alpha\\ \text{s.t.}\quad & 0\leqslant\alpha\leqslant c_1\end{aligned} \tag{3-16}$$

采用类似的方法，我们也可以得到式 (3-3) 的对偶问题：

$$\begin{aligned}\max_{\gamma}\quad & e_1^{\mathrm{T}}\gamma-\frac{1}{2}\gamma^{\mathrm{T}}P(Q^{\mathrm{T}}Q)^{-1}P^{\mathrm{T}}\gamma\\ \text{s.t.}\quad & 0\leqslant\gamma\leqslant c_2\end{aligned} \tag{3-17}$$

这里，令 $P=[A\quad e_1]$，$Q=[B\quad e_2]$，$v=\begin{bmatrix}w^{(2)} & b^{(2)}\end{bmatrix}^{\mathrm{T}}$，我们可以得到

$$v=-(Q^{\mathrm{T}}Q)^{-1}P^{\mathrm{T}}\gamma \tag{3-18}$$

由以上的讨论，我们知道 $H^{\mathrm{T}}H$ 和 $Q^{\mathrm{T}}Q$ 都是 $(n+1)\times(n+1)$ 的矩阵，其中 n 是样本的维数，一般情况下，样本的维数远远小于样本数，所以 TWSVM 的速度不只是提高了 4 倍。

一旦确定了 u 和 v，那么我们就确定了 TWSVM 的两个分类超平面。

对于非线性情况，和 SVM 一样，引入核函数，则基于核空间的 TWSVM 的两个超平面可以表示为

$$K(x^{\mathrm{T}},C^{\mathrm{T}})u_1+b_1=0,\quad K(x^{\mathrm{T}},C^{\mathrm{T}})u_2+b_2=0 \tag{3-19}$$

其中 $C=[A^{\mathrm{T}},B^{\mathrm{T}}]^{\mathrm{T}}$。则非线性 TWSVM 的优化问题为

$$\begin{aligned}\min_{w^{(1)},b^{(1)},\xi^{(2)}}\quad & \frac{1}{2}\left\|K(A,C^{\mathrm{T}})w^{(1)}+e_1b^{(1)}\right\|^2+c_1e_2^{\mathrm{T}}\xi^{(2)}\\ \text{s.t.}\quad & -(K(B,C^{\mathrm{T}})w^{(1)}+e_2b^{(1)})\geqslant e_2-\xi^{(2)},\xi^{(2)}\geqslant 0\end{aligned} \tag{3-20}$$

$$\begin{aligned}\min_{w^{(1)},b^{(1)},\xi^{(2)}}\quad & \frac{1}{2}\left\|K(B,C^{\mathrm{T}})w^{(2)}+e_2b^{(1)}\right\|^2+c_2e_1^{\mathrm{T}}\xi^{(1)}\\ \text{s.t.}\quad & (K(A,C^{\mathrm{T}})w^{(2)}+e_1b^{(2)})\geqslant e_1-\xi^{(1)},\xi^{(1)}\geqslant 0\end{aligned} \tag{3-21}$$

引入拉格朗日乘子 α 和 β，则式 (3-20) 可以写成：

$$\begin{aligned}L(w^{(1)},b^{(1)},\xi^{(2)},\alpha,\beta)=&\frac{1}{2}(K(A^{\mathrm{T}},C^{\mathrm{T}})w^{(1)}+e_1b^{(1)})^{\mathrm{T}}(K(A^{\mathrm{T}},C^{\mathrm{T}})w^{(1)}+e_1b^{(1)})\\ &+c_1e_2^{\mathrm{T}}\xi^{(2)}-\alpha^{\mathrm{T}}(-(K(B^{\mathrm{T}},C^{\mathrm{T}})w^{(1)}+e_2b^{(1)})\end{aligned}$$

$$+\xi^{(2)}-e_2)-\beta^{\mathrm{T}}\xi^{(2)} \tag{3-22}$$

其中 $\alpha=(\alpha_1,\alpha_2,\cdots,\alpha_{m_2})^{\mathrm{T}}$ 和 $\beta=(\beta_1,\beta_2,\cdots,\beta_{m_2})^{\mathrm{T}}$ 是拉格朗日乘子。由 KKT 条件，我们可以得到

$$K(A^{\mathrm{T}},C^{\mathrm{T}})^{\mathrm{T}}(K(A^{\mathrm{T}},C^{\mathrm{T}})w^{(1)}+e_1b^{(1)})+K(B^{\mathrm{T}},C^{\mathrm{T}})^{\mathrm{T}}\alpha=0 \tag{3-23}$$

$$e_1^{\mathrm{T}}(K(A^{\mathrm{T}},C^{\mathrm{T}})w^{(1)}+e_1b^{(1)})+e_2^{\mathrm{T}}\alpha=0 \tag{3-24}$$

$$c_1e_2-\alpha-\beta=0 \tag{3-25}$$

$$-(K(B^{\mathrm{T}},C^{\mathrm{T}})w^{(1)}+e_2b^{(1)})+\xi^{(2)}\geqslant e_2,\ \xi^{(2)}\geqslant 0 \tag{3-26}$$

$$\alpha^{\mathrm{T}}(-(K(B^{\mathrm{T}},C^{\mathrm{T}})w^{(1)}+e_2b^{(1)})+\xi^{(2)}-e_2)=0,\ \beta^{\mathrm{T}}\xi^{(2)}=0 \tag{3-27}$$

$$\alpha\geqslant 0,\quad \beta\geqslant 0 \tag{3-28}$$

结合式 (3-23) 和式 (3-24)，我们可以得到

$$[K(A,C^{\mathrm{T}})^{\mathrm{T}}\ \ e_1^{\mathrm{T}}]\left[K(A,C^{\mathrm{T}})\ \ e_1\right]\left[w^{(1)}\ \ b^{(1)}\right]^{\mathrm{T}}+[K(B,C^{\mathrm{T}})^{\mathrm{T}}\ \ e_2^{\mathrm{T}}]\alpha=0 \tag{3-29}$$

令 $S=\left[K(A,\ C^{\mathrm{T}})\ \ e_1\right]$，$R=\left[K(B,\ C^{\mathrm{T}})\ \ e_2\right]$，$z=\left[w^{(1)}\ \ b^{(1)}\right]^{\mathrm{T}}$，则式 (3-29) 可以写成:

$$S^{\mathrm{T}}Sz+R^{\mathrm{T}}\alpha=0 \tag{3-30}$$

$$z=-(S^{\mathrm{T}}S)^{-1}R^{\mathrm{T}}\alpha \tag{3-31}$$

则式 (3-20) 的对偶问题为

$$\begin{aligned}\max_{\alpha}\ \ & e_2^{\mathrm{T}}\alpha-\frac{1}{2}\alpha^{\mathrm{T}}R(S^{\mathrm{T}}S)^{-1}R^{\mathrm{T}}\alpha\\ \text{s.t.}\ \ & 0\leqslant\alpha\leqslant c_1\end{aligned} \tag{3-32}$$

同理，我们也可以得到式 (3-21) 的对偶问题:

$$\begin{aligned}\max_{\gamma}\ \ & e_1^{\mathrm{T}}\gamma-\frac{1}{2}\gamma^{\mathrm{T}}L(N^{\mathrm{T}}N)^{-1}L^{\mathrm{T}}\gamma\\ \text{s.t.}\ \ & 0\leqslant\gamma\leqslant c_2\end{aligned} \tag{3-33}$$

其中 $L=\left[K(A,C^{\mathrm{T}})\ \ e_1\right]$；$N=\left[K(B,C^{\mathrm{T}})\ \ e_2\right]$。

令 $z_2=\left[w^{(2)}\ \ b^{(2)}\right]^{\mathrm{T}}$，则我们可得到

$$z_2=-(N^{\mathrm{T}}N)^{-1}L^{\mathrm{T}}\gamma \tag{3-34}$$

一旦确定了 z 和 z_2，那么我们就确定了 TWSVM 的两个带核的分类超平面。

3.2　孪生支持向量回归机

类似于孪生支持向量机 (TWSVM) 的思想，孪生支持向量回归机 (twin support vector regression, TSVR) 将在训练数据点两侧产生一对不平行的函数，分别确定回归函数的 ε 不敏感上、下界。

对于线性情况，TSVR 通过训练数据的 ε_1 不敏感下界

$$f_1(x) = w_1^{\mathrm{T}} x + b_1 \tag{3-35}$$

与 ε_2 不敏感上界

$$f_2(x) = w_2^{\mathrm{T}} x + b_2 \tag{3-36}$$

确定最终的回归函数，而这对函数可以通过求解下面的一对二次规划问题得到：

$$\begin{aligned} \min \quad & \frac{1}{2}\left\|Y - e\varepsilon_1 - (Aw_1 + eb_1)\right\|^2 + c_1 e^{\mathrm{T}}\xi \\ \text{s.t.} \quad & Y - (Aw_1 + eb_1) \geqslant e\varepsilon_1 - \xi,\ \xi \geqslant 0 \end{aligned} \tag{3-37}$$

$$\begin{aligned} \min \quad & \frac{1}{2}\left\|Y + e\varepsilon_2 - (Aw_2 + eb_2)\right\|^2 + c_2 e^{\mathrm{T}}\eta \\ \text{s.t.} \quad & (Aw_2 + eb_2) - Y \geqslant e\varepsilon_2 - \eta,\ \eta \geqslant 0 \end{aligned} \tag{3-38}$$

其中，$c_1, c_2 > 0$, $\varepsilon_1, \varepsilon_2 > 0$ 为常数；ξ, η 为松弛变量；e 为 $l \times 1$ 维的单位列向量。引入拉格朗日乘子 α 和 γ，并结合 KKT 条件，可以得到式 (3-37) 和式 (3-38) 的对偶优化问题为

$$\begin{aligned} \max \quad & -\frac{1}{2}\alpha^{\mathrm{T}} G(G^{\mathrm{T}}G)^{-1}G^{\mathrm{T}}\alpha + f^{\mathrm{T}} G(G^{\mathrm{T}}G)^{-1}G^{\mathrm{T}}\alpha - f^{\mathrm{T}}\alpha \\ \text{s.t.} \quad & 0 \leqslant \alpha \leqslant C_1 e \end{aligned} \tag{3-39}$$

$$\begin{aligned} \max \quad & -\frac{1}{2}\gamma^{\mathrm{T}} G(G^{\mathrm{T}}G)^{-1}G^{\mathrm{T}}\gamma - h^{\mathrm{T}} G(G^{\mathrm{T}}G)^{-1}G^{\mathrm{T}}\gamma + h^{\mathrm{T}}\gamma \\ \text{s.t.} \quad & 0 \leqslant \gamma \leqslant C_2 e \end{aligned} \tag{3-40}$$

其中 $G = [A \quad e]$，$f = Y - \varepsilon_1$ 和 $h = Y + \varepsilon_2 e$，优化之后得到下面的目标回归函数：

$$f(x) = \frac{1}{2}[f_1(x) + f_2(x)] = \frac{1}{2}(w_1 + w_2)^{\mathrm{T}} x + \frac{1}{2}(b_1 + b_2) \tag{3-41}$$

式中，$[w_1 \quad b_1]^{\mathrm{T}} = (G^{\mathrm{T}}G)^{-1}G^{\mathrm{T}}(f - \alpha)$，$[w_2 \quad b_2]^{\mathrm{T}} = (G^{\mathrm{T}}G)^{-1}G^{\mathrm{T}}(h + \gamma)$。

对于非线性情况，TSVR 考虑两个带核的不平行函数：

$$f_1(x) = K(x^{\mathrm{T}}, A^{\mathrm{T}})w_1 + b_1, \quad f_2(x) = K(x^{\mathrm{T}}, A^{\mathrm{T}})w_2 + b_2 \tag{3-42}$$

和上面的讨论类似，式 (3-42) 通过求解下面一对优化问题可以得到；

$$\begin{aligned}\min\quad & \frac{1}{2}\left\|Y-e\varepsilon_1-(K(A,A^{\mathrm{T}})w_1+eb_1)\right\|^2+c_1e^{\mathrm{T}}\xi\\ \text{s.t.}\quad & Y-(K(A,A^{\mathrm{T}})w_1+eb_1)\geqslant e\varepsilon_1-\xi,\ \ \xi\geqslant 0\end{aligned}\tag{3-43}$$

$$\begin{aligned}\min\quad & \frac{1}{2}\left\|Y+e\varepsilon_2-(K(A,A^{\mathrm{T}})w_2+eb_2)\right\|^2+c_2e^{\mathrm{T}}\eta\\ \text{s.t.}\quad & (K(A,A^{\mathrm{T}})w_2+eb_2)-Y\geqslant e\varepsilon_2-\eta,\ \ \eta\geqslant 0\end{aligned}\tag{3-44}$$

根据 KKT 条件并引入拉格朗日乘子，式 (3-43) 和式 (3-44) 的对偶优化问题为

$$\begin{aligned}\max\quad & -\frac{1}{2}\alpha^{\mathrm{T}}H(H^{\mathrm{T}}H)^{-1}H^{\mathrm{T}}\alpha+f^{\mathrm{T}}H(H^{\mathrm{T}}H)^{-1}H^{\mathrm{T}}\alpha-f^{\mathrm{T}}\alpha\\ \text{s.t.}\quad & 0\leqslant\alpha\leqslant c_1e\end{aligned}\tag{3-45}$$

$$\begin{aligned}\max\quad & -\frac{1}{2}\gamma^{\mathrm{T}}H(H^{\mathrm{T}}H)^{-1}H^{\mathrm{T}}\gamma-h^{\mathrm{T}}H(H^{\mathrm{T}}H)^{-1}H^{\mathrm{T}}\gamma+h^{\mathrm{T}}\gamma\\ \text{s.t.}\quad & 0\leqslant\gamma\leqslant c_2e\end{aligned}\tag{3-46}$$

其中，$H=[K(A,A^{\mathrm{T}})\quad e]$，我们可以得到 $f_1(x)$ 和 $f_2(x)$ 的向量值：

$$[w_1\quad b_1]^{\mathrm{T}}=(H^{\mathrm{T}}H)^{-1}H^{\mathrm{T}}(f-\alpha),\quad [w_2\quad b_2]^{\mathrm{T}}=(H^{\mathrm{T}}H)^{-1}H^{\mathrm{T}}(h+\gamma)\tag{3-47}$$

从而，非线性 TSVR 的回归函数可以表示为

$$f(x)=\frac{1}{2}[f_1(x)+f_2(x)]=\frac{1}{2}K(x^{\mathrm{T}},A)(w_1+w_2)+\frac{1}{2}(b_1+b_2)\tag{3-48}$$

一个直观的标准 ε 不敏感非线性 TSVR 的几何解释如图 3-2 所示。

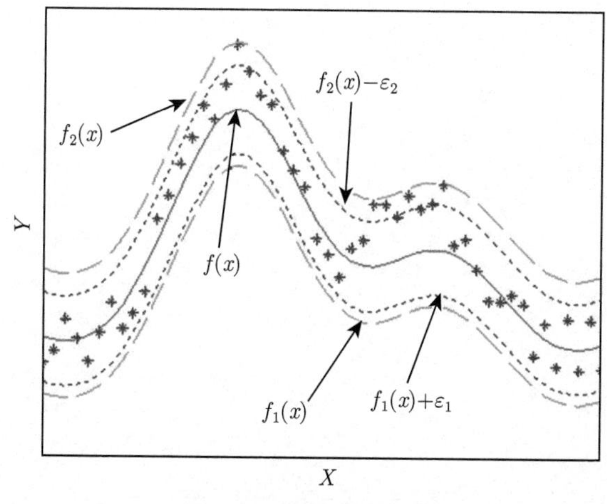

图 3-2 非线性 TSVR

3.3 本章小结

本章介绍了 TWSVM 和 TSVR 的算法模型，并对相关的数学问题进行了必要的分析和推导。

参考文献

[1] Jayadeva, Khemchandni R, Chandras. Twin support vector machines for pattern classification[J]. IEEE Transactions on Pattern Analysis and Machine Intelligence, 2007, 29(5):905-910.

[2] Peng X J. TSVR: an efficient twin support vector machine for regression[J]. Neural Networks, 2010,23(3):365-372.

第 4 章　孪生支持向量机的模型选择问题

众所周知，孪生支持向量机的性能主要取决于两个因素：①核函数的选择；②惩罚系数 c_1, c_2 的选择。对于具体的问题，如何确定 TWSVM 中的核函数与惩罚系数就是所谓的模型选择问题。模型选择，尤其是核函数的选择是孪生支持向量机研究的中心内容之一。

4.1　基于粗糙集的孪生支持向量机

4.1.1　基于粗糙集的特征选择

粗糙集理论[1,2] 是波兰华沙理工大学 Pawlak 教授于 1982 年提出的一种处理不完备、不精确信息的方法。它主要是通过对大量数据进行分析，根据论域中的两个等价关系来剔除相容信息，并抽取潜在有价值的规则知识。基于它良好的性能，粗糙集在人工智能和认知科学，如知识的表达与推理、数据分析、机器学习和知识发现等领域都得到了广泛的应用[3−5]。本书运用粗糙集来对数据样本集进行特征选择，剔除某些不相关和冗余的特征，以提高算法的收敛速度和分类的正确率。用粗糙集来对样本集进行特征选择的步骤如下：

(1) 将数据样本形成决策系统。以不失它的原始分类能力为前提，采用合理的离散化方法生成一个决策系统。

(2) 用粗糙集进行特征选择。在保持决策表决策属性和条件属性之间的依赖关系不发生变化的前提下去除条件属性。

通过以上步骤，在不影响样本分类正确性的前提下，能够得到比较少属性的新样本集，提高样本的训练和预测的性能。

4.1.2　算法流程

首先，通过粗糙集进行特征选择，然后在约减后的数据集上运用孪生支持向量机进行分类：

(1) 先将以文本形式保存的原始数据格式化，抽取出其中特征所对应的数据以及标签所对应的数据，形成粗糙集可以处理的原始数据。对残缺的数据项进行修补构造决策表，并进行离散化处理。

(2) 进行特征选择。生成决策表，判断特征与特征之间的不可分辨关系，并删除其中的不必要属性。按照新的特征子集生成 TWSVM 可以处理的数据文件。

(3) 对新数据文件中的数据进行归一化处理，取一定数量的数据作为训练集，取其余的数据作为验证集，使用孪生支持向量机进行预测。

具体流程如图 4-1 所示。

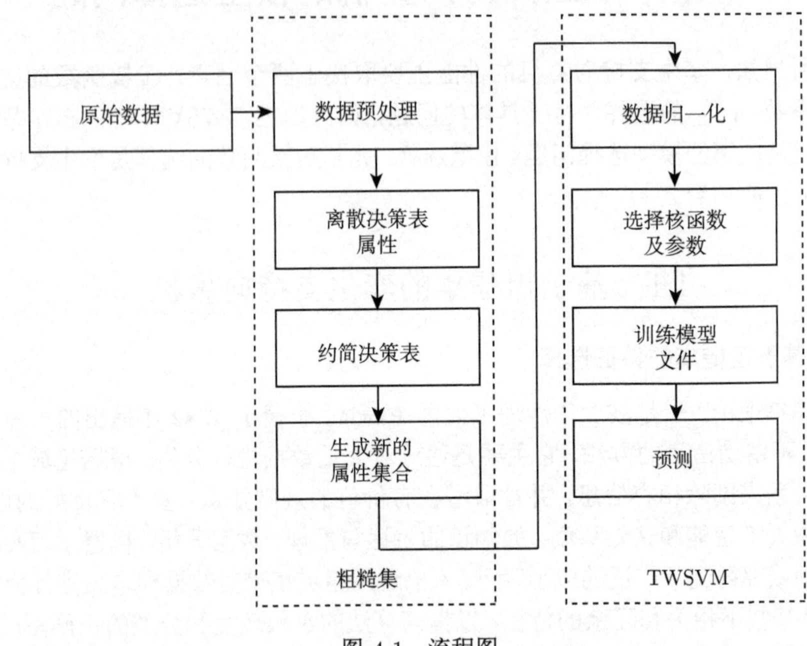

图 4-1　流程图

4.1.3　数值实验与分析

基于粗糙集的孪生支持向量机采用了 UCI 机器学习数据库中的心脏病诊断数据集 (SPECT heart data set)(http://archive.ics.uci.edu/ml/)，验证其性能。

这个数据集包含了训练样本和测试样本两组数据，其中训练样本有 80 组数据，测试样本有 187 组数据，两者的特征属性都是 22 个 (F1~F22)。心脏病状况分为两类: 有 (1) 和无 (0)，这样所有的数据样本可以被分为两类 (表 4-1)。

表 4-1　样本类别分布情况

类别	样本集	训练集	测试集
0	55	40	15
1	212	40	172

1. 粗糙集特征选择结果

原始训练样本和原始测试样本的属性都是 22 维，通过粗糙集进行特征选择后，还剩下 12 个属性，这 12 个属性分别为 F1，F2，F3，F4，F7，F10，F11，F13，F15，F19，F20，F22。由这 12 个属性组成新的样本集，作为孪生支持向量机的输入数据集。

本实验是在 MATLAB 7.0 的环境下进行的，涉及的相关参数设置如下：高斯核函数宽度参数 σ=1.42，孪生支持向量机惩罚参数分别为：$c_1 = 3.8, c_2 = 0.2$。

2. 分类结果

表 4-2 所示是本书算法分类的结果和孪生支持向量机分类结果的比较。

表 4-2 分类结果对比

分类方法	特征数	分类正确率/%	时间/s
孪生支持向量机	22	70.59	0.072
基于粗糙集的孪生支持向量机	12	91.98	0.066

从表 4-2 中我们可以很明显地看出来，与孪生支持向量机相比，基于粗糙集的孪生支持向量机算法具有更高的分类正确率和分类速度。

孪生支持向量机和基于粗糙集的孪生支持向量机的测试仿真如图 4-2、图 4-3 所示，图中纵坐标代表类别，1 表示有心脏病，0 表示没有心脏病，横坐标表示样本序列号。星号代表分类器的分类结果，圆形代表样本的实际值。如果星号和圆形重叠，则分类是正确的，如果星号和圆形不重叠，则分类是错误的。图 4-2 和图 4-3 直观地呈现了本书算法在分类准确率上的优越性。

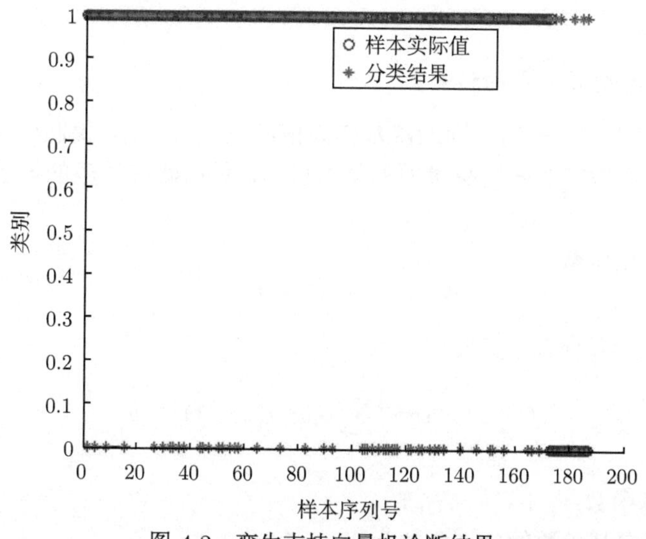

图 4-2 孪生支持向量机诊断结果

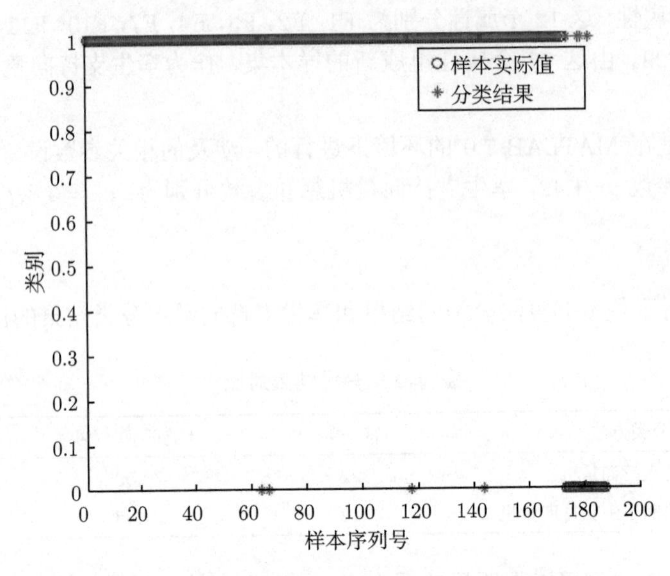

图 4-3　基于粗糙集的孪生支持向量机诊断结果

4.2　基于群智能优化的孪生支持向量机

4.2.1　孪生支持向量机中的参数选择

孪生支持向量机的性能主要取决于核函数和参数的选择。核函数选择的好坏将对分类性能产生直接的影响，除此之外，一个好的参数选择将直接提升孪生支持向量机的性能。

1. 孪生支持向量机中的核函数

在 TWSVM 中，采用不同的函数作为核函数 $K(x,x_i)$，我们可以构造实现输入空间中不同类型的非线性决策面的学习机器。目前研究最多的核函数主要有以下几类：

1) 多项式核函数

$$K(x,x_i)=[(x,x_i)+1]^q \tag{4-1}$$

所得到的是 d 阶多项式分类器：

$$f(x,a)=\operatorname{sgn}\left[\sum_{\mathrm{SV}} y_i a_i (x_i^* x+1)^d-b\right] \tag{4-2}$$

2) 径向基函数

经典的径向基函数的判别函数为

$$f(x) = \operatorname{sgn}\left[\sum_{i=1}^{n} a_i K_r(|x - x_i|) - b\right] \tag{4-3}$$

通常采用的核函数为高斯函数：

$$K_r(|x - x_i|) = \exp\left[-\frac{(|x - x_i|)^2}{\sigma^2}\right] \tag{4-4}$$

在构造判定函数时，必须估计：①参数 r 的值；②中心点 a_i 数目 n；③描述中心点向量 x_i；④参数 a_i。

3) 多层感知机

TWSVM 采用 Sigmoid 函数作为内积，这时就实现了包含一个隐层的多层感知机，隐层节点数目由算法自动确定。满足 Mercer 条件的 Sigmoid 函数为

$$K(x_i, x_j) = \tanh[v(x_i^{\mathrm{T}} x_j) - c] \tag{4-5}$$

2. *孪生支持向量机中的参数*

孪生支持向量机模型的确定，除了选择合适的核函数外，还需确定各种参数的值，这些参数包括核函数中的参数 (不同的核函数，其参数不一样) 和孪生支持向量机中的惩罚参数 c_1, c_2。参数选择问题是孪生支持向量机模型选择问题的重点之一，目前参数的确定主要是凭借经验值人为指定或者使用网格搜索加以确定。这两种方法都过于依赖经验值，容易造成参数值的选择不够准确，因而不能很好地体现孪生支持向量机的优良性能。现在有不少改进算法使用群智能算法对孪生支持向量机进行改进优化，在下文中我们将具体介绍这些算法。

4.2.2 基于粒子群算法的孪生支持向量机[6]

目前孪生支持向量机参数的选取方法大都是通过在一定范围内根据经验随机选取，这样做具有很大的随意性和盲目性，孪生支持向量机参数选取不当，将严重影响其分类准确率。而粒子群优化 (particle swarm optimization, PSO) 算法在多维空间函数寻优、动态目标寻优等方面有着收敛速度快、求解质量高、鲁棒性好等优点，而且比较简单，计算量小，实用性好，编程实现更容易。所以，考虑采用粒子群优化算法对孪生支持向量机的参数进行优化，尽量找出比较精确的孪生支持向量机参数，以提高其最终分类性能。

1. PSO-TWSVM *原理*

PSO 中，粒子的位置代表被优化问题在搜索空间中的潜在解。所有的粒子都有一个由被优化的函数决定的适应度值 (fitness value)，每个粒子还有一个速度决定它们飞翔的方向和距离。粒子们追随当前的最优粒子在解空间中搜索。PSO 初始化为一群随机粒子 (随机解)，然后通过迭代找到最优解。在每一次迭代中，粒子

通过跟踪两个“极值”来更新自己。一个是粒子本身所找到的最优解，称为个体极值；另一个极值是整个种群目前找到的最优解，称为全局极值。

$$v_i = wv_i + c_1 r_1 (p_i - x_i) + c_2 r_2 (g - x_i) \tag{4-6}$$

$$x_i = x_i + v_i \tag{4-7}$$

其中 v_i 是第 i 个粒子的速度，x_i 是第 i 个粒子的位置；p_i 是第 i 个粒子的个体极值；g 是全局极值；r_1、r_2 是均匀分布在 (0，1) 之间的随机数；w 是保持粒子运动惯性的参数，能使种群扩展搜索空间，获得较好的求解效果。较大的 w 有利于群体在更大的范围内进行搜索，而较小的 w 能够保证群体收敛到最优位置，一般将 w 设定为 0.8 左右；这里的 c_1，c_2 表示每个粒子飞向 p_i 和 g 位置的随机加速项的权重。如果 $c_1 = 0$，则粒子没有认知能力；如果 $c_2 = 0$，代表粒子没有社会信息共享。一般设定 $c_1 = c_2 = 2$。

PSO-TWSVM 就是在一个二维的目标搜索空间中，得到一个由 n 个粒子组成的群体，其中第 i 个粒子的位置表示为一个二维的向量 $X_i = (x_{i1}, x_{i2})$，x_{i1} 代表的是 TWSVM 的惩罚因子 c_1；x_{i2} 表示的是 TWSVM 的惩罚因子 c_2。则第 i 个粒子的历史最优位置记为 p_i；整个粒子群迄今为止搜索到的最好位置记为 g；第 i 个粒子的飞行速度记为 v_i，通过初始化以及迭代寻优，找到最优值，将其代入 TWSVM 中，即可得到 PSO-TWSVM 模型。

2. *算法流程*

利用 PSO 优化孪生支持向量机的算法步骤如下：

步骤 1　设置粒子群的种群规模 n 和最大迭代次数 K，初始化粒子群。

步骤 2　将初始化得到的粒子代入孪生支持向量机中，对训练数据集进行分类，以分类准确率为适应度对粒子进行评价，得到每个粒子的初始适应度值。

步骤 3　迭代寻优，根据公式 $v_i = wv_i + c_1 r_1 (p_i - x_i) + c_2 r_2 (g - x_i)$ 和 $x_i = x_i + v_i$ 不断更新粒子的速度和位置，并计算粒子适应度，如果好于该粒子当前的最好位置的适应度，则更新个体极值，如果所有粒子的最好位置的适应度好于当前全局最好位置的适应度，则更新全局极值。

步骤 4　判断迭代次数是否达到最大迭代次数，如果是则终止迭代，如果不是则迭代次数加 1，重复步骤 3，并记录个体极值和全局极值。

步骤 5　最终得到最优值 $g = (x_1, x_2)$ 中，x_1 表示的是通过 PSO 优化得出的最优的 TWSVM 的惩罚因子 c_1；x_2 表示的是 TWSVM 的惩罚因子 c_2，将最终得到的最优参数代入 TWSVM 中，就得到 PSO-TWSVM 模型。

步骤 6　停止运算。

利用 PSO 优化孪生支持向量机的算法流程如图 4-4 所示。

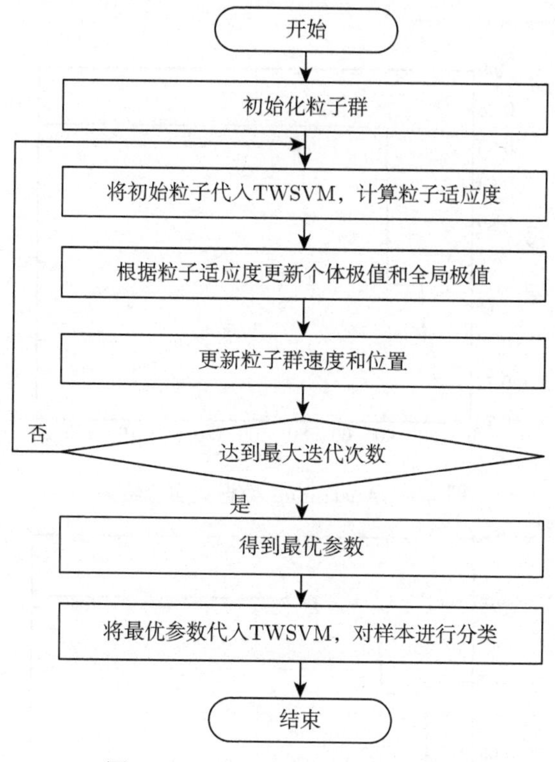

图 4-4 PSO-TWSVM 算法流程

3. 数值实验与分析

基于粒子群优化的孪生支持向量机采用了 UCI 机器学习数据库中的三个常用数据集 (http://archive.ics.uci.edu/ml/)：Australian 数据集、Sonar 数据集和 Pima-Indian 数据集进行算法性能验证，算法以孪生支持向量机在不同的数据集的分类准确率为各自的适应度值。所有实验均在 PC 机上 (2G 内存，320G 硬盘) 完成，在 MATLAB 中实现。粒子群算法的学习因子 $c_1 = c_2 = 2.0$，粒子群数目 n=30，惯性权重 w=0.8，最大迭代次数为 200。

Australian、Sonar 和 Pima-Indian 三个数据集的数据特征如表 4-3 所示。

表 4-3 数据集的数据特征

数据集	样本数	属性数
Australian	690	14
Sonar	208	60
Pima-Indian	768	8

基于粒子群优化的孪生支持向量机算法在不同数据集上的收敛曲线如图 4-5

至图 4-7 所示。

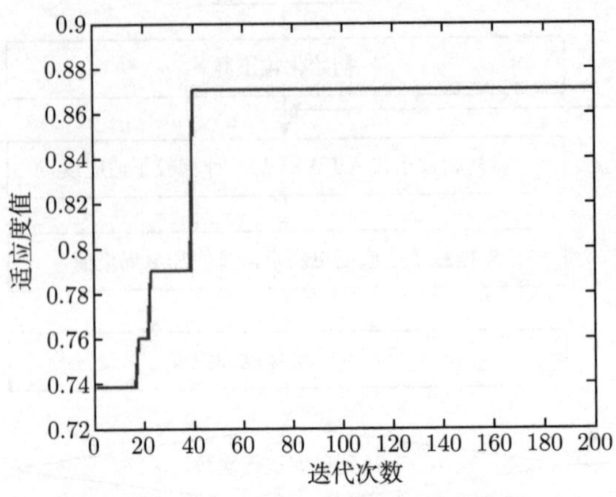

图 4-5　Australian 数据集实验结果

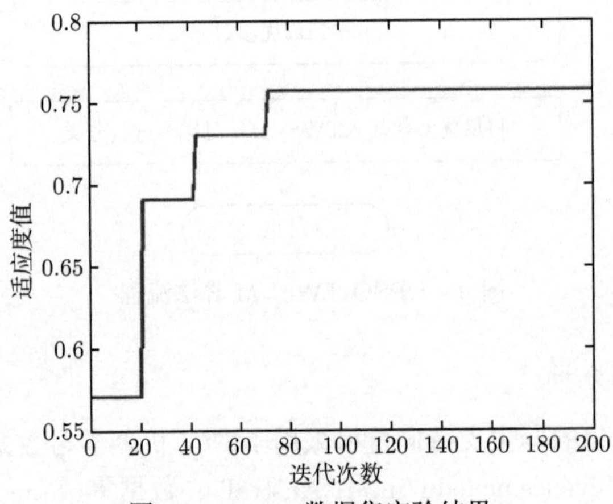

图 4-6　Sonar 数据集实验结果

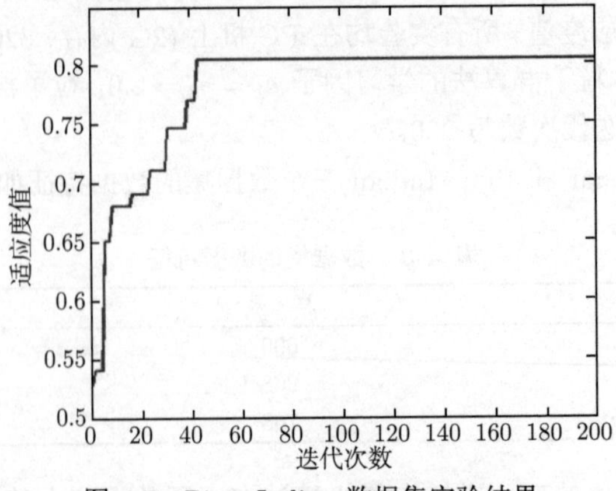

图 4-7　Pima-Indian 数据集实验结果

基于粒子群优化的孪生支持向量机在不同的数据集上分别得到最优参数之后，使用该最优参数对相应的数据集进行测试，将得到的分类准确率与传统的基于广义特征值的近似支持向量机和近似支持向量机在同一数据集上得到的分类准确率进行对比，结果如表 4-4 所示。

表 4-4　实验结果

(单位：%)

数据集	PSO-TWSVM	GEPSVM	PSVM
Australian	87.77	80.00	85.43
Sonar	76.74	72.62	74.51
Pima-Indian	80.52	76.66	77.86

从实验结果中我们可以明显地看出本书所提出的基于粒子群优化的孪生支持向量机相对于传统的分类算法，在分类准确率上有所提高，这是因为采用粒子群算法提高了搜寻 TWSVM 最优参数的效率。

图 4-8 则更加直观地展示了三个分类算法分类准确率的对比。其中横坐标代表实验中所使用到的三个不同的数据集，纵坐标代表分类准确率，三条折线分别代表了 PSO-TWSVM、GEPSVM、PSVM 三个分类算法。

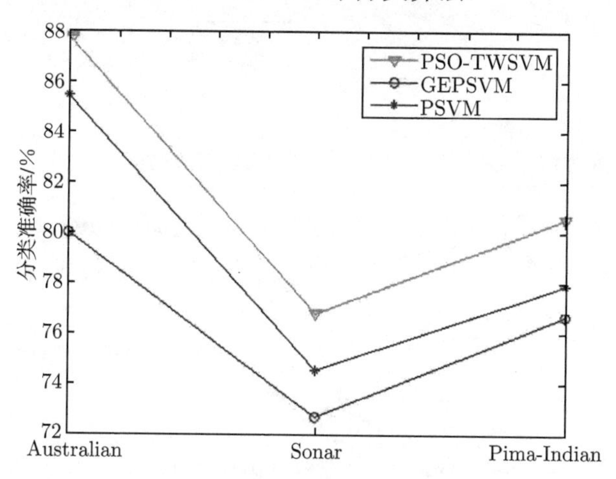

图 4-8　三个算法实验结果对比

为了克服孪生支持向量机参数设置难的缺点，结合 PSO 算法寻优能力和收敛能力较强的优点，基于粒子群优化的孪生支持向量机算法利用 PSO 算法优化孪生支持向量机中的参数，避免了参数选择的盲目性，提高了孪生支持向量机的分类性能。

4.2.3　基于果蝇算法的孪生支持向量机[7]

目前孪生支持向量机参数的选取方法大都是通过在一定范围内根据经验随机

选取，这样做具有很大的随意性和盲目性，孪生支持向量机参数选取不当，将严重影响其分类准确率。而果蝇算法可以用来寻找最优参数，算法比较简单，计算量小，实用性好，编程实现较容易。所以，考虑采用果蝇优化算法对孪生支持向量机的参数进行优化，尽量找出比较精确的孪生支持向量机参数，避免盲目指定参数的弊端，以提高算法最终分类性能。

1. 果蝇算法

果蝇优化算法 (fruit fly optimization algorithm, FOA)[8] 是 Wen-Tsao Pan 于 2011 年提出的一种群体智能的新算法，属于演化式计算的范畴，亦属于人工智能的领域。该算法基于果蝇觅食行为推演寻求全局优化。果蝇本身在感官知觉上优于其他物种，尤其在嗅觉与视觉上。果蝇的嗅觉器官能很好地搜集飘浮在空气中的各种气味，甚至能嗅到 40km 以外的食物源。然后，飞近食物位置后亦可使用敏锐的视觉发现食物与同伴聚集的位置，并且往该方向飞去。图 4-9 依照果蝇搜寻食物的特性，将其归纳为几个必要的步骤与程序范例。

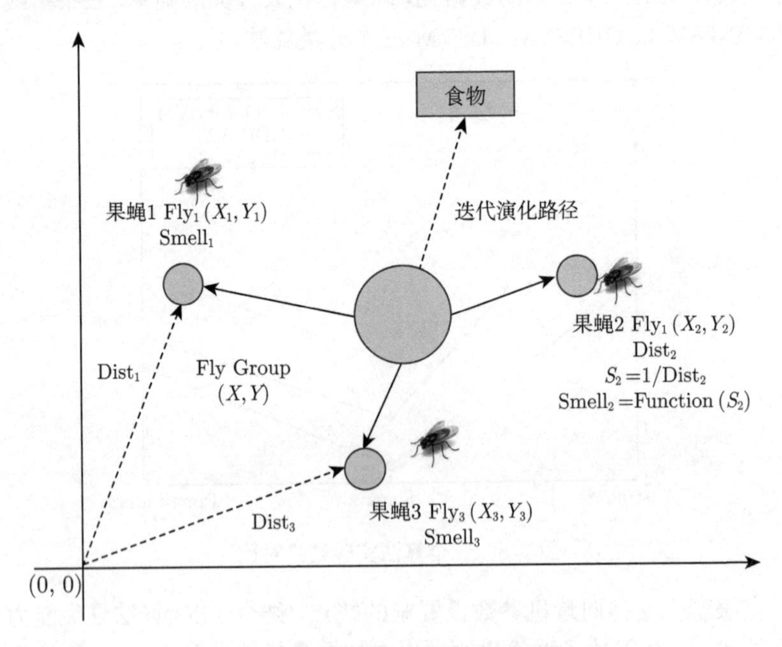

图 4-9　果蝇群体迭代搜索食物示意图

由于 FOA 提出较晚，目前国内外的研究尚处于起步阶段，研究成果还很少，理论也不成熟，因此 FOA 的相关研究迫切需要展开。FOA 与其他群智能算法比较，不但算法简单容易理解 (如粒子群算法的优化方程是二阶微分方程，而 FOA 的优化方程是一阶微分方程)，程序代码易于实现，运行时间较少；而且 FOA 只需调整四个参数，其他的群智能算法至少要调整七八个参数，参数之间的相互影响和复杂关系很难研究清楚，且参数的取值不当，会严重影响算法的性能，导致分析算法复杂度变得异常困难。FOA 可广泛应用于科学和工程领域，也可混合其他的数据挖掘技术一起使用，现已将其成功应用于求解数学函数极值、微调 Z-score 模型系数、广义回归神经网络参数优化与支持向量机参数优化等。

2. FOA-TWSVM 算法

FOA-TWSVM 的核心思想是通过果蝇算法寻找孪生支持向量机的最优参数，在果蝇优化算法中，果蝇的位置坐标代表孪生支持向量机中的参数。所有的果蝇都有一个味道浓度判定函数，在本书的 FOA-TWSVM 算法中，这个味道浓度判定函数就是计算 TWSVM 分类准确率的函数，分类准确率越大越好。算法最终找到果蝇群体中具有最高浓度值的果蝇，该果蝇的坐标就是我们需要的最优参数，然后就可以用寻找到的最优参数确定孪生支持向量机模型。

基于果蝇算法的孪生支持向量机算法步骤如下:

步骤 1 随机初始果蝇群体位置。

```
Init X_axis
Init Y_axis
```

步骤 2 赋予果蝇个体利用嗅觉搜寻食物之随机方向与距离。

```
Xi= X_axis + Random Value
Yi= Y_axis + Random Value
```

步骤 3 由于无法得知食物位置，因此先估计与原点之距离 (Dist)，再计算味道浓度判定值 (S)，此值为距离之倒数。

$$\text{Disti}=\sqrt{(\text{X\_i 2+Y\_i 2})};\ \text{Si}=1/\text{Disti}$$

步骤 4 味道浓度判定值 (S) 代入味道浓度判定函数 (或称为 Fitness Function) 以求出该果蝇个体位置的味道浓度 (Smelli)。

```
Smelli = Function(Si)
```

步骤 5 找出此果蝇群体中的味道浓度最高的果蝇 (求极大值)。

```
[bestSmell bestIndex] = max(Smell)
```

步骤 6 保留最高味道浓度值与 X、Y 坐标，此时果蝇群体利用视觉往该位置飞去。

```
Smellbest = bestSmell
X_axis = X(bestIndex)
Y_axis = Y(bestIndex)
```

步骤 7　进入迭代寻优，重复执行步骤 2~步骤 5，并判断味道浓度是否优于前一迭代味道浓度，若是则执行步骤 6。

步骤 8　记录最终得到的全局最优值 (即全局最高味道浓度值)，此值就是我们需要寻找的最优参数值。将最终得到的最优参数值代入 TWSVM 中，就得到 FOA-TWSVM 模型。

步骤 9　停止运算。

FOA-TWSVM 算法流程图如图 4-10 所示。通过这幅算法流程图，我们可以直观地了解本书提出的 FOA-TWSVM 算法的过程。并且上面介绍的 9 个算法步骤在图中清晰地表达出来了，这有助于大家了解本书提出的算法。

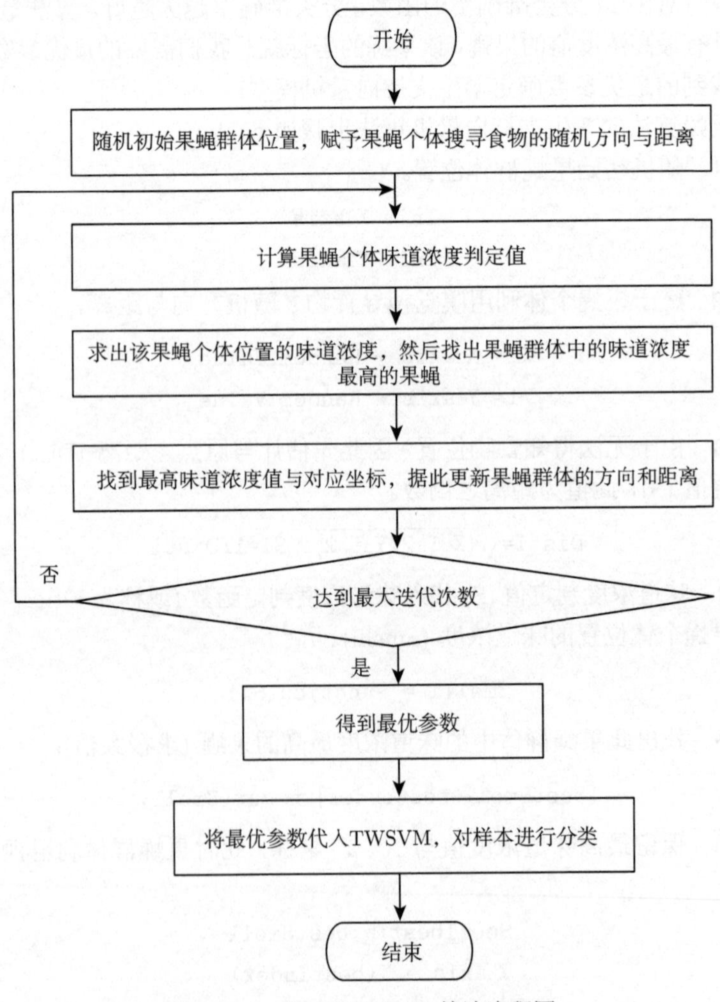

图 4-10　FOA-TWSVM 算法流程图

3. 数值实验与分析

基于果蝇算法的孪生支持向量机采用了 UCI 机器学习数据库中的几个常用数据集 (http://archive.ics.uci.edu/ml/)：Australian 数据集、Sonar 数据集、Ionosphere 数据集和 Pima-Indian 数据集进行算法有效性验证，算法以孪生支持向量机在不同的数据集的分类准确率为指标。所有实验均在 PC 机上 (2G 内存，320G 硬盘) 完成，在 MATLAB 中实现。群数目 n=20，最大迭代次数为 100。

线性实验采用的数据集是 Australian、Sonar 和 Pima-Indian 三个数据集，它们的数据特征如表 4-5 所示。

表 4-5 线性数据集的数据特征

数据集	样本数	属性数
Australian	690	14
Sonar	208	60
Pima-Indian	768	8

由于线性 TWSVM 涉及两个参数，即惩罚因子 c_1 和 c_2 需要通过 FOA 来寻优，所以在线性实验部分，TWSVM 的两个惩罚因子代表果蝇位置坐标，TWSVM 分类准确率代表果蝇的味道浓度值。将线性数据集中 80%的数据用于训练，剩下 20%的数据用于测试。

基于果蝇优化算法的孪生支持向量机算法在不同数据集上的收敛曲线如图 4-11 至图 4-13 所示，其中横坐标代表迭代次数，纵坐标代表分类准确率。

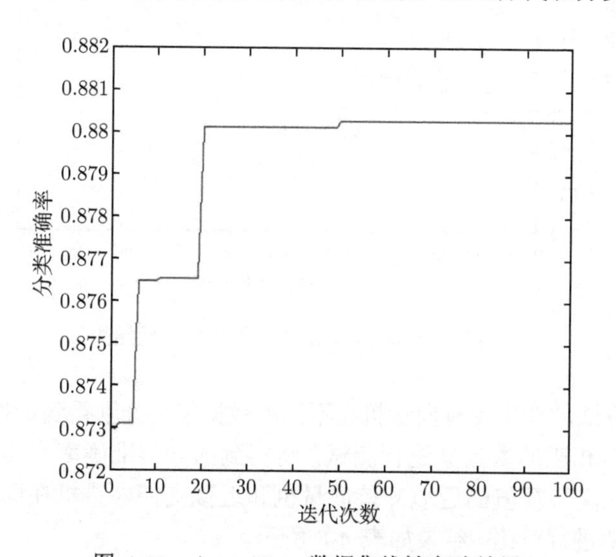

图 4-11 Australian 数据集线性实验结果

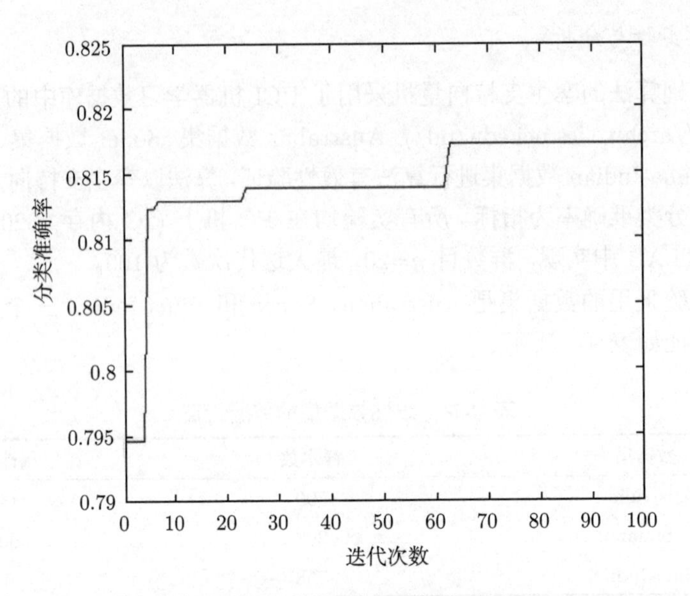

图 4-12　Sonar 数据集线性实验结果

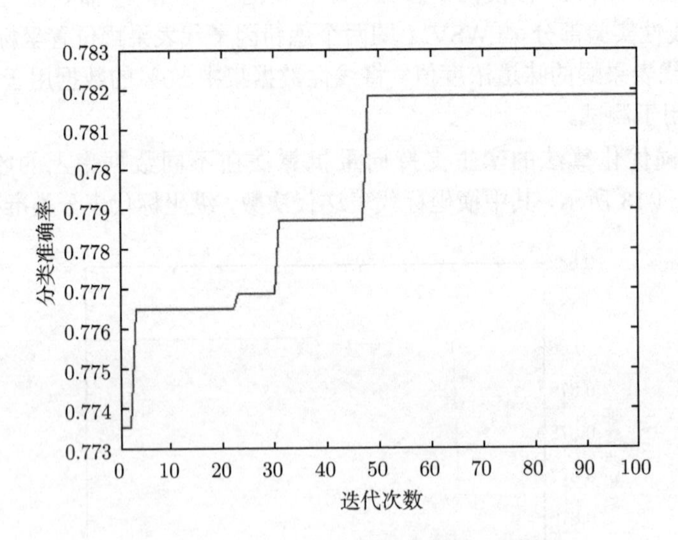

图 4-13　Pima-Indian 数据集线性实验结果

基于果蝇算法的孪生支持向量机在不同的数据集上分别得到最优参数之后，使用该最优参数对相应的数据集进行测试，将得到的分类准确率与传统的孪生支持向量机、基于广义特征值的近似支持向量机和近似支持向量机在同一数据集上得到的分类准确率进行对比，结果如表 4-6 所示。

表 4-6 实验结果 (单位：%)

数据集	FOA-TWSVM	TWSVM	GEPSVM	PSVM
Australian	88.49	85.80	80.00	85.43
Sonar	83.72	77.26	72.62	74.51
Pima-Indian	74.03	73.70	76.66	77.86

非线性实验采用的数据集是 Ionosphere、Sonar 和 Australian 三个数据集，它们的数据特征如表 4-7 所示。

表 4-7 非线性数据集的数据特征

数据集	样本数	属性数
Ionosphere	351	34
Sonar	208	60
Australian	690	14

本书中的非线性 TWSVM 使用高斯核函数，所以其涉及三个参数，即惩罚因子 c_1 和 c_2 以及高斯核函数中的宽度参数，所以在非线性实验部分，需要寻优的三个参数代表果蝇位置坐标，TWSVM 分类准确率代表果蝇的味道浓度值。将三个非线性数据集中 80%的数据用于训练，剩下 20%的数据用于测试。

基于果蝇优化算法的孪生支持向量机算法在不同数据集上的收敛曲线如图 4-14 至图 4-16 所示，其中横坐标代表迭代次数，纵坐标代表分类准确率。

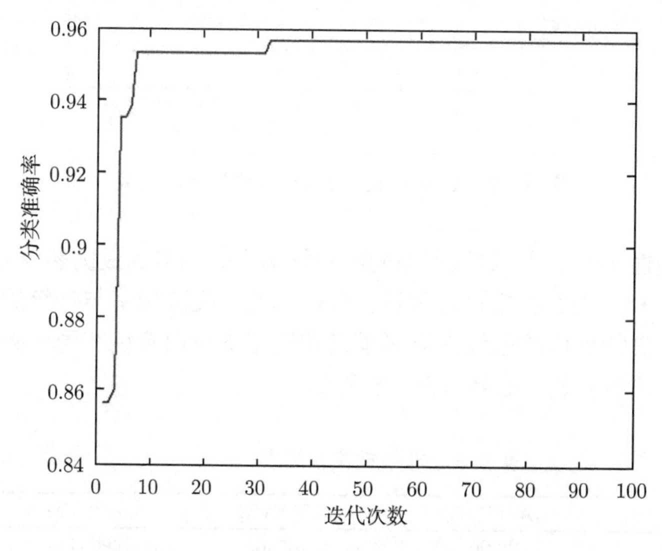

图 4-14 Ionosphere 数据集非线性实验结果

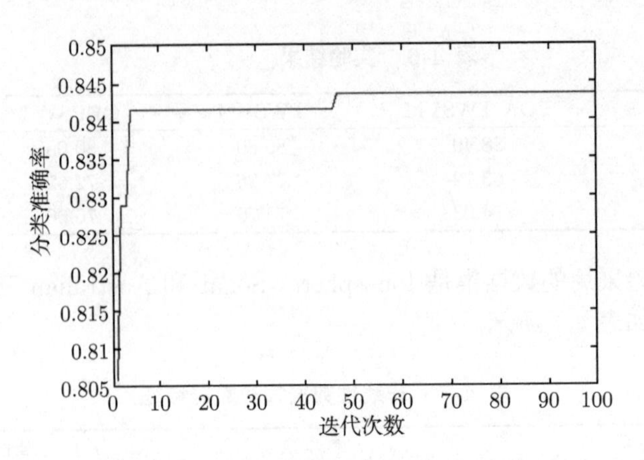

图 4-15　Sonar 数据集非线性实验结果

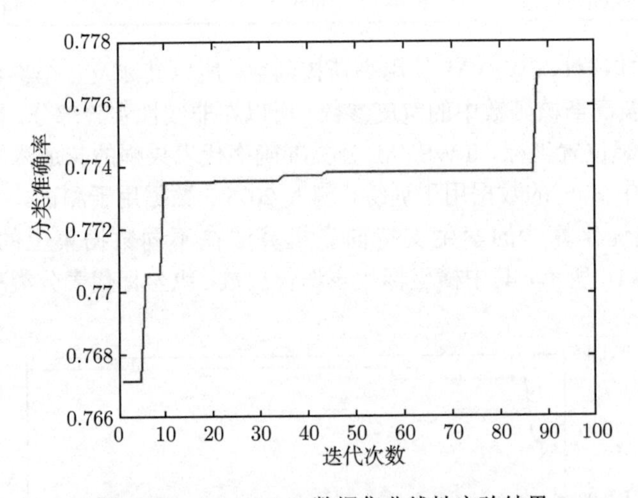

图 4-16　Australian 数据集非线性实验结果

类似于线性实验部分，算法在不同的数据集上分别得到最优参数之后，仍使用该最优参数对相应的数据集进行测试，将得到的分类准确率与传统的孪生支持向量机、基于广义特征值的近似支持向量机和近似支持向量机在同一数据集上得到的分类准确率进行对比，结果如表 4-8 所示。

表 4-8　非线性实验结果　　(单位：%)

数据集	FOA-TWSVM	TWSVM	GEPSVM	PSVM
Ionosphere	92.96	87.46	84.41	90.83
Sonar	88.37	83.53	80.00	82.79
Australian	77.92	75.77	69.55	73.97

从线性和非线性实验结果中我们可以明显地看出基于果蝇算法的孪生支持向量机相对于传统的分类算法，在分类准确率上都有所提高，这是因为 FOA-TWSVM 利用果蝇优化算法的全局搜索能力，能够在全局范围内搜索最优参数，避免了过早地陷入局部最优，从而找到最接近最优参数的参数值。FOA-TWSVM 成功地避开了利用经验值指定参数，与传统的 TWSVM 相比，参数的指定更加精准，不再是盲目地寻找参数。由于参数选取更好，FOA-TWSVM 提高了孪生支持向量机的分类准确率。

4.3 孪生支持向量机核函数的选择问题

4.3.1 基于混合核函数的孪生支持向量机[9]

1. MK-TWSVM 算法

传统的孪生支持向量机使用的核函数是高斯核函数，即令孪生支持向量机数学模型中的 $K(x^{\mathrm{T}}, C^{\mathrm{T}})$ 为

$$K(x, x_i) = \exp\left(-\frac{\|x \cdot x_i\|^2}{2\sigma^2}\right) \tag{4-8}$$

基于混合核函数的孪生支持向量机的实质在于用混合核函数替换了孪生支持向量机中常用的高斯核函数，即令孪生支持向量机数学模型中的 $K(x^{\mathrm{T}}, C^{\mathrm{T}})$ 为

$$K(x, x_i) = aK_1(x, x_i) + bK_2(x, x_i), \quad a > 0, b > 0 \tag{4-9}$$

其中 $K_1(x, x_i)$ 是 Sigmoid 核函数；$K_2(x, x_i)$ 是高斯核函数。

下面我们来证明此混合函数 $K(x, x_i)$ 是一个核函数。

证明：根据核函数的性质，我们有 $aK_1(x, x_i), \quad a > 0$ 是核函数，同理，我们有 $bK_2(x, x_i), \quad b > 0$ 是核函数。令 $K_3(x, x_i) = aK_1(x, x_i), \quad a > 0$，$K_4(x, x_i) = bK_2(x, x_i), \quad b > 0$，则 $K_3(x, x_i)$ 和 $K_4(x, x_i)$ 都是核函数。令 $K_5(x, x_i) = K_3(x, x_i) + K_4(x, x_i)$，则根据核函数的性质，我们有 $K_5(x, x_i)$ 是一个核函数。$K_5(x, x_i)$ 即为 $K(x, x_i)$，所以 $K(x, x_i) = aK_1(x, x_i) + bK_2(x, x_i), a > 0, b > 0$ 是一个核函数。证毕。

式 (4-9) 中的 a 和 b 分别表示 Sigmoid 核函数和高斯核函数在混合核函数中所占的比例，为了保证混合核函数不改变原映射空间的合理性，一般地令 $0 \leqslant a, b \leqslant 1$ 且 $a + b = 1$。依此，式 (4-9) 可以转化为

$$K(x, x_i) = \lambda K_1(x, x_i) + (1 - \lambda)K_2(x, x_i), \quad 0 \leqslant \lambda \leqslant 1 \tag{4-10}$$

其中 $K_1(x,x_i)$ 是 Sigmoid 核函数；$K_2(x,x_i)$ 是高斯核函数。因此该混合核函数的最终表达式为

$$K(x,x_i)=\lambda\tanh[v(x\cdot x_i)+c]+(1-\lambda)\exp\left(-\frac{\|x\cdot x_i\|^2}{2\sigma^2}\right)\quad 0\leqslant\lambda\leqslant 1 \qquad (4\text{-}11)$$

2. 算法流程

算法流程描述如下:

步骤 1　导入数据集，将数据集随机地分成两份 (一份为 80%的原数据，另一份为 20%)。

步骤 2　设置 S 形核函数 (Sigmoid) 参数 v 和 c 的值，初始化算法。

步骤 3　将 80%的数据进行训练，通过网格的方法确定出混合核函数 (S 形核函数和高斯径向基核函数的混合) 的参数 λ 的值和高斯核函数的参数 σ 的值，还有孪生支持向量机的参数 c_1、c_2 的值。

步骤 4　通过网格给出的参数值计算分类准确率。

步骤 5　判断此准确率是否为全局最优，如果是，更新全局最优值，并记录此组最优参数值，如果不是，跳转到步骤 6。

步骤 6　判断是否达到网格循环结束条件，如果没有达到循环结束条件，跳转到步骤 3，如果达到循环结束条件，则跳转到步骤 7。

步骤 7　将训练得到的最优参数代入孪生支持向量机中，这样最终的算法模型就确定了。

步骤 8　算法模型确定后，对剩下的 20%数据进行测试，得出测试分类精度。

步骤 9　停止运算。

MK-TWSVM 算法流程图如图 4-17 所示。

3. 数值实验与分析

基于混合核函数的孪生支持向量机选用了 UCI 机器学习数据库中的三个常用数据集对算法进行实验验证，三个数据集分别是 Ionosphere 数据集、Sonar 数据集和 Votes 数据集。这些实验均在 PC 机 (2G 内存，320G 硬盘) 上采用 MATLAB 环境实现。在该算法中，Sigmoid 核函数中的参数 v 取值为 2，c 取值为 10。混合核函数的参数 λ, 高斯核函数的参数 σ, 还有孪生支持向量机的参数 c_1,c_2 通过网格计算得出最优的取值，不同的数据集，它们的取值是不一样的。

此次实验采用的数据集的数据特征如表 4-9 所示。

在实验中，MK-TWSVM 算法先将随机地选取 80%数据用于训练，训练得到最优参数后确定模型，进行 20%数据的测试，得到相应的分类准确率。我们将这些

数值与近似向量机、基于广义特征值的近似向量机和孪生支持向量机的分类结果进行比较，比较结果如表 4-10 所示。

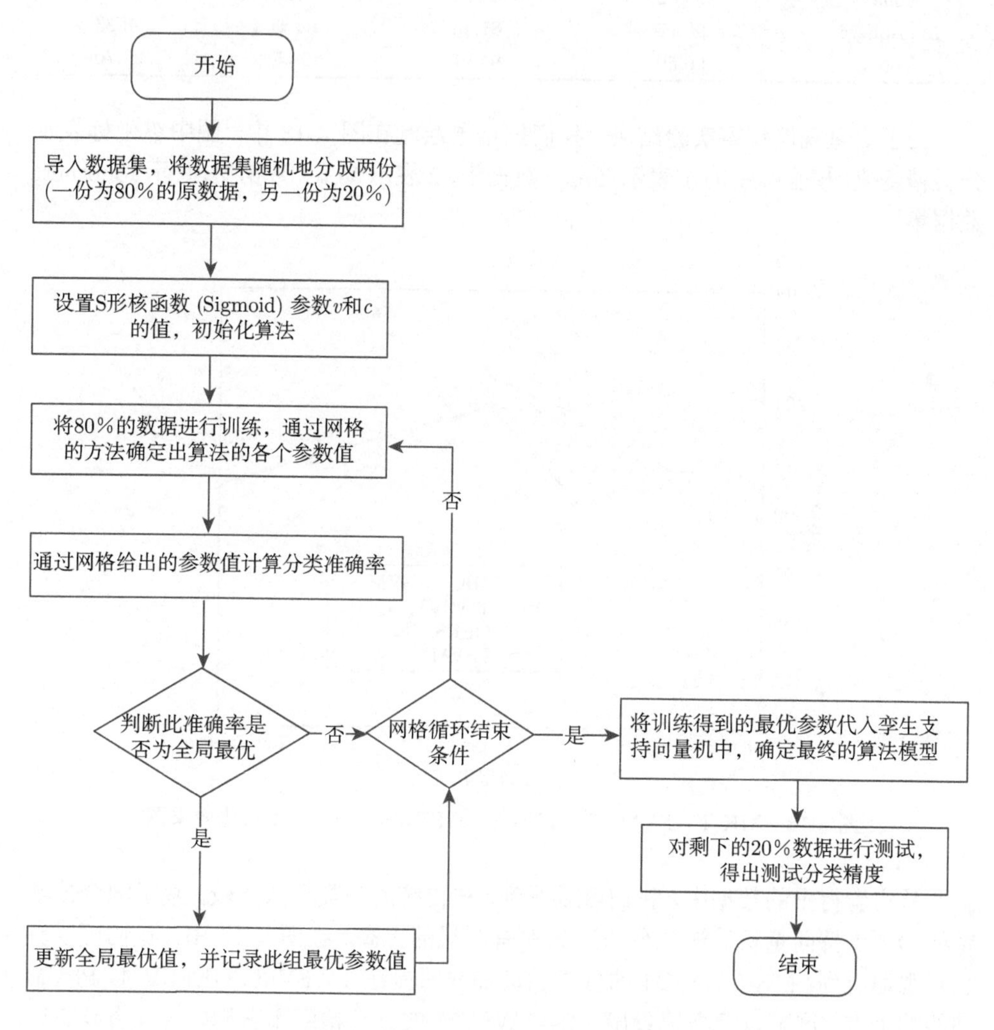

图 4-17 MK-TWSVM 算法流程图

表 4-9 非线性数据集的数据特征

数据集	样本数	属性数
Sonar	208	60
Ionosphere	351	34
Votes	435	16

表 4-10 非线性实验结果 (单位：%)

数据集	MK-TWSVM	TWSVM	GEPSVM	PSVM
Sonar	93.02	89.64	85.97	82.79
Ionosphere	95.77	87.46	84.41	90.83
Votes	96.59	94.91	94.5	93.70

为了更直观地观察实验结果，我们把结果绘制在图 4-18 中，图中纵坐标表示分类精度值，横坐标中的 1 表示 Sonar 数据集，2 表示 Votes 数据集，3 示 Ionoshere 数据集。

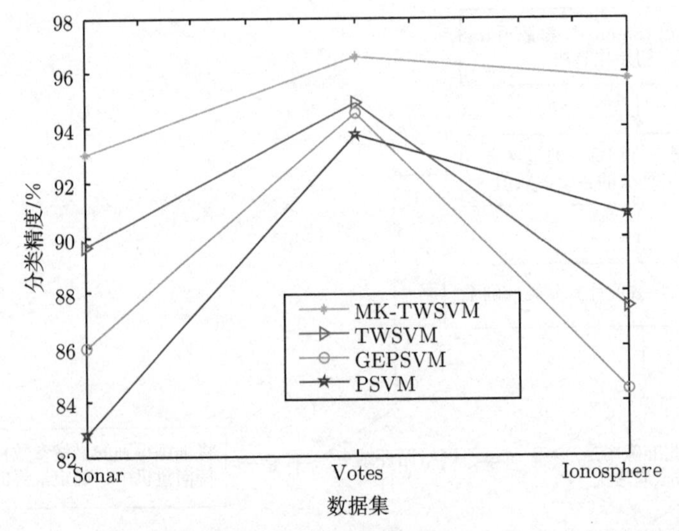

图 4-18 MK-TWSVM 与 TWSVM、GEPSVM、PSVM 对比效果图

从实验得出的数据中，我们可以看到，与传统的分类算法比较，基于混合核函数的孪生支持向量机算法的分类准确率有明显的提高。在图 4-18 中，我们可以更加直观地看到，MK-TWSVM 的分类精度曲线明显在 TWSVM、GEPSVM、PSVM 曲线的上方，这可以清晰地看出 MK-TWSVM 的分类精度比它们好，有明显的提高。之所以能取得这么明显的效果，是因为本算法使用了混合核函数，使得算法具有良好的泛化能力和良好的学习能力。

4.3.2 基于小波核函数的孪生支持向量机[10]

1. WTWSVM 算法

传统的孪生支持向量机使用的核函数是高斯核函数，即令孪生支持向量机数

学模型中的 $K(x^{\mathrm{T}}, C^{\mathrm{T}})$ 为

$$K(x, x_i) = \exp\left(-\frac{\|x \cdot x_i\|^2}{2\sigma^2}\right) \tag{4-12}$$

小波孪生支持向量机的实质在于用小波核函数替换了孪生支持向量机中常用的高斯核函数，即令孪生支持向量机数学模型中的 $K(x^{\mathrm{T}}, C^{\mathrm{T}})$

$$K(x, z) = \left[d - \sum_{i=1}^{d}\left(\frac{x_i - z_i}{a_i}\right)^2\right] \exp\left[-\frac{1}{2}\sum_{i=1}^{d}\left(\frac{x_i - z_i}{a_i}\right)^2\right] \tag{4-13}$$

2. 算法流程

WTWSVM 算法步骤如下:

步骤 1 导入数据集，将数据集随机地分成两份 (一份为 80%的原数据，另一份为 20%)，80%那份用于训练，20%那份用于测试。

步骤 2 初始化算法的相关参数值。

步骤 3 将 80%的数据进行训练，小波核函数将数据映射到高维特征空间实现线性可分，求解分类平面。通过网格的方法确定出小波核函数的参数 a 的值，还有孪生支持向量机的参数 c_1、c_2 的值。

步骤 4 通过网格给出的参数值计算分类准确率。

步骤 5 判断此准确率是否为全局最优，如果是，更新全局最优值，并记录此组最优参数值，如果不是，跳转到步骤 6。

步骤 6 判断是否达到网格循环结束条件，如果没有达到循环结束条件，跳转到步骤 3，如果达到循环结束条件，则跳转到步骤 7。

步骤 7 将训练得到的最优参数值代入孪生支持向量机中，这样小波孪生支持向量机算法模型最终就确定了。

步骤 8 算法模型确定后，对剩下的 20%数据进行测试，得出测试分类精度。

步骤 9 停止运算。

WTWSVM 算法流程图如图 4-19 所示。

3. 数值实验与分析

WTWSVM 选用了 UCI 机器学习数据库中的 9 个常用数据集对算法进行实验验证。使用的 9 个数据集分别是 Ionosphere 数据集、Austrtalian 数据集、Pima-Indian 数据集、Sonar 数据集、Votes 数据集、Haberman 数据集、Bupa 数据集、Wisconsin Breast Cancer 数据集和 German 数据集。这些实验均在 PC 机 (2G 内

存，320G 硬盘，CPU E5300) 上采用 MATLAB 环境实现。在该算法中，参数值是通过网格搜索的方法来确定的，不同的数据集，它们的取值是不一样的。

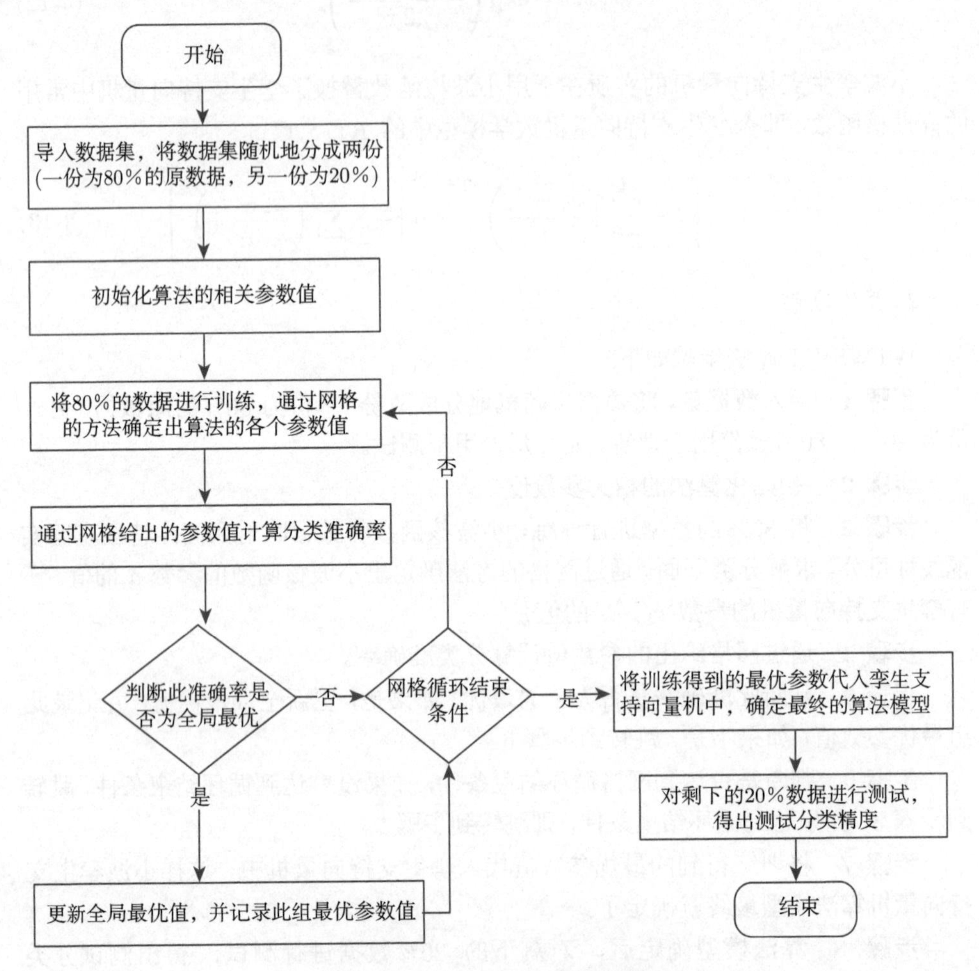

图 4-19　WTWSVM 算法流程图

此次实验采用的 9 个数据集的数据特征如表 4-11 所示。

在实验中，我们分别做了高斯核函数、小波核函数的实验，并且把它们的实验结果进行了对比。通过对比，我们可以证明小波孪生支持向量机的可行性。它们的对比实验结果如表 4-12 所示。

从表 4-12 中，我们可以直观地看到 WTWSVM 在各个数据集上的实验结果明显好于 TWSVM。我们可以得出以下结论：WTWSVM 是可行的，它明显提高了孪生支持向量机的性能。之所以能有这么好的效果，是因为本书提出的 WTWSVM

使用了小波核函数，小波分析具有多尺度插值和稀疏变化的特性，适合于信号的局部分析和突变信号的检测，结合小波技术，使得孪生支持向量机的分类性能提高了并且泛化能力也有一定程度的提高。

表 4-11 数据集的数据特征

数据集	样本数	属性数
Sonar	208	60
Ionosphere	351	34
Votes	435	16
Haberman	306	4
Bupa	345	6
German	1000	24
Pima-Indian	768	8
Australian	690	14
Wisconsin Breast Cancer	699	10

表 4-12 实验结果 (单位：%)

数据集	WTWSVM	TWSVM
Ionosphere	97.18	92.96
Haberman	74.19	70.97
Votes	97.73	92.05
Sonar	93.02	86.05
Bupa	73.91	60.87
Wisconsin Breast Cancer	97.87	95.04
German	76.5	70
Pima-Indian	74.68	73.74
Australian	79.14	75.8

4.4 本章小结

孪生支持向量机的性能主要取决于两个因素：①核函数的选择；②惩罚系数 c_1, c_2 的选择。模型选择问题 (如何确定 TWSVM 中的核函数与惩罚系数) 是孪生支持向量机研究的中心内容之一，本章节我们从孪生支持向量机的模型选择问题入手，有效地提高了孪生支持向量机的性能。

参 考 文 献

[1] Yu J Z, Ding S F, Jin F, et al. Twin support vector machines based on rough sets[J]. International Journal of Digital Content Technology & Its Applications, 2012, 6(20): 493-500.

[2] Pawlak Z. Rough set approach to knowledge-based decision support [J]. European Journal of Operational Research，1997，99(1)：48-57.

[3] 汪峰, 杜军威, 葛艳, 等. 基于粗糙集理论的序列离群点检测 [J]. 电子学报，2011，39(2)：345-350.

[4] 谭远玲，褚学宁，张在房. 基于粗糙集的改进重要度绩效分析法 [J]. 计算机集成制造系统，2011，17(7)：1374-1380.

[5] Parthalain N M, Shen Q, Jensen R. A distance measure approach to exploring the rough set boundary region for attribute reduction [J]. IEEE Transactions on Knowledge and Data Engineering, 2010,22(3)：305-317.

[6] Ding S F, Yu J Z, Huang H J, et al. Twin support vector machines based on particle swarm optimization[J]. Journal of Computers, 2013, 8(9): 2296-2303.

[7] Ding S F, Zhang X K, Yu J Z. Twin support vector machines based on fruit fly optimization algorithm[J]. International Journal of Machine Learning and Cybernetics, 2016, 7(2):193-203.

[8] Pan W T. A new fruit fly optimization algorithm: taking the financial distress model as an example[J]. Knowledge-Based Systems, 2011,26：69-74.

[9] Wu F L, Ding S F. Twin support vector machines based on the mixed kernel function[J]. Journal of Computers, 2014, 9(7): 1690-1696.

[10] Ding S F , Wu F L , Shi Z Z . Wavelet twin support vector machine [J]. Neural Computing and Applications, 2014, 25(6):1241-1247.

第 5 章　光滑孪生支持向量机

孪生支持向量机 (twin support vector machines, TWSVM) 标准模型可归结为求解一对二次规划问题，虽然最优化理论中有很多求解二次规划问题的算法，但是由于 TWSVM 优化问题的特殊性，探寻关于 TWSVM 合理且高效的算法已成为 TWSVM 研究领域的一个重要研究方向。目前，TWSVM 二次规划解法可分为两大类: 对偶空间求解法和原始空间求解法。本章要介绍的光滑孪生支持向量机就是在原始空间中直接求解 TWSVM 模型，理论分析和实验验证都表明了该类算法的有效性和可行性。

5.1　光滑孪生支持向量机的理论

5.1.1　原始空间中的求解算法

目前，TWSVM 中大多数学习算法都是在对偶空间中求解其二次规划问题的对偶形式[1−4]，近年来，一些学者[5,6] 指出，直接在原始空间对 TWSVM 的原始优化问题进行求解也是训练 TWSVM 的一种有效途径，特别是需要快速求解 TWSVM 的近似最优解时，直接求解其原始优化问题更具有优势，原因有：①根据对偶理论，对偶问题和原始问题的目标函数值只有当取最优解时才相等；②TWSVM 的一对不平行超平面是通过原始优化问题确定的，因此，针对原始优化问题研究 TWSVM 的学习算法是很有意义的。下面，借鉴文献 [7] 中对 SVM 不同空间算法的定义，我们对 TWSVM 的对偶问题和原始问题进行定义，以便区分这两类算法。

定义 5.1 (原始空间)　针对 TWSVM 的原始优化问题进行求解的学习算法，我们称之为 “原始型优化算法”，而算法相应的求解空间被称为 “原始空间”。

定义 5.2 (对偶空间)　针对 TWSVM 的对偶优化问题进行求解的学习算法，我们称之为 “对偶型优化算法”，而算法相应的求解空间被称为 “对偶空间”。

目前，在原始空间求解 TWSVM 的研究还很少，也不完善。因此，深入研究 TWSVM 在原始空间中的直接求解算法是很有意义的。下面我们要介绍的光滑孪生支持向量机就是采用在原始空间中直接求解二次规划模型的思想。

5.1.2　光滑孪生支持向量机算法过程

在原始空间中，引入正号函数，可以把 TWSVM 的不等式约束二次规划问题转化为无约束优化问题，但是此无约束优化问题包含的正号函数是不可微的。2008

年，Kumar[8] 等用 Sigmoid 函数的积分函数对正号函数进行逼近，即对不光滑的无约束优化问题作光滑处理，提出了可以直接在原始空间求解 TWSVM 模型的光滑孪生支持向量机 (smooth twin support vector machines, STWSVM)。下面简要分析一下光滑孪生支持向量机模型的构建过程。

给定两类 n 维的 m 个训练样本点，分别用 $m_1 \times n$ 的矩阵 A 和 $m_2 \times n$ 的矩阵 B 表示 +1 类和 −1 类，这里 m_1 和 m_2 分别代表两类样本的数目，即 $m_1 + m_2 = m$。TWSVM 的目标是要在 n 维特征空间中寻找两个非平行的超平面 $x^{\mathrm{T}}w_1 + b_1 = 0, x^{\mathrm{T}}w_2 + b_2 = 0$, 要求每一个超平面离本类样本尽可能地近，离他类样本距离尽可能地远。

TWSVM 可以归结为求解下面两个二次规划问题：

$$
\begin{aligned}
&\min_{w^{(1)},b^{(1)},\xi^{(2)}} \frac{1}{2}\left\|Aw^{(1)} + e_1 b^{(1)}\right\|^2 + c_1 e_2^{\mathrm{T}}\xi^{(2)} \\
&\text{s.t.} \quad -(Bw^{(1)} + e_2 b^{(1)}) \geqslant e_2 - \xi^{(2)}, \xi^{(2)} \geqslant 0
\end{aligned} \tag{5-1}
$$

$$
\begin{aligned}
&\min_{w^{(2)},b^{(2)},\xi^{(1)}} \frac{1}{2}\left\|Bw^{(2)} + e_2 b^{(2)}\right\|^2 + c_2 e_1^{\mathrm{T}}\xi^{(1)} \\
&\text{s.t.} \quad (Aw^{(2)} + e_1 b^{(2)}) \geqslant e_1 - \xi^{(1)}, \xi^{(1)} \geqslant 0
\end{aligned} \tag{5-2}
$$

其中 c_1，c_2 是两个惩罚参数，$A = [x_1^{(1)}, x_2^{(1)}, \cdots, x_{m_1}^{(1)}]^{\mathrm{T}}, B = [x_1^{(2)}, x_2^{(2)}, \cdots, x_{m_2}^{(2)}]^{\mathrm{T}}$，$x_j^{(i)}$ 表示第 i 类的第 j 个样本。

为了直接在原始空间中求解式 (5-1) 和式 (5-2)，文献 [8] 先对式 (5-1) 和式 (5-2) 的目标函数做细微的调整，将松弛变量 $\xi^{(1)}$ 和 $\xi^{(2)}$ 由原来的 1 范式修改为 2 范式，则可得到

$$
\begin{aligned}
&\min_{w^{(1)},b^{(1)},\xi^{(2)}} \frac{1}{2}\left\|Aw^{(1)} + e_1 b^{(1)}\right\|^2 + \frac{c_1}{2}\xi^{(2)\mathrm{T}}\xi^{(2)} \\
&\text{s.t.} \quad -(Bw^{(1)} + e_2 b^{(1)}) \geqslant e_2 - \xi^{(2)}, \xi^{(2)} \geqslant 0
\end{aligned} \tag{5-3}
$$

$$
\begin{aligned}
&\min_{w^{(2)},b^{(2)},\xi^{(1)}} \frac{1}{2}\left\|Bw^{(2)} + e_2 b^{(2)}\right\|^2 + \frac{c_2}{2}\xi^{(1)\mathrm{T}}\xi^{(1)} \\
&\text{s.t.} \quad (Aw^{(2)} + e_1 b^{(2)}) \geqslant e_1 - \xi^{(1)}, \xi^{(1)} \geqslant 0
\end{aligned} \tag{5-4}
$$

引入正号函数，可以把式 (5-3) 和式 (5-4) 转化为两个无约束优化问题。根据 KKT 条件，式 (5-3) 和式 (5-4) 的最优解处有

$$
\xi^{(2)} = \max\{0, e_2 + (Bw^{(1)} + e_2 b^{(1)})\} \tag{5-5}
$$

$$\xi^{(1)} = \max\{0, e_1 - (Aw^{(2)} + e_1 b^{(2)})\} \tag{5-6}$$

令 $\phi_1(w^{(1)}, b^{(1)}) = \max\{0, (e_2 + Bw^{(1)} + e_2 b^{(1)})\} = (u_1)_+$，$\phi_2(w^{(2)}, b^{(2)}) = \max\{0, (e_1 - Aw^{(2)} - e_1 b^{(2)})\} = (u_2)_+$，其中，$(u_1)_+$ 和 $(u_2)_+$ 为正号函数。将式 (5-5) 和式 (5-6) 分别代入式 (5-3) 和式 (5-4)，可得

$$\min_{w^{(1)}, b^{(1)}, \xi^{(2)}} \frac{1}{2} \left\| Aw^{(1)} + e_1 b^{(1)} \right\|^2 + \frac{c_1}{2} \left\| (e_2 + Bw^{(1)} + e_2 b^{(1)})_+ \right\|_2^2 \tag{5-7}$$

$$\min_{w^{(2)}, b^{(2)}, \xi^{(1)}} \frac{1}{2} \left\| Bw^{(2)} + e_2 b^{(2)} \right\|^2 + \frac{c_2}{2} \left\| (e_1 - (Aw^{(2)} + e_1 b^{(2)}))_+ \right\|_2^2 \tag{5-8}$$

与约束优化模型式 (5-1) 和式 (5-2) 相比，无约束优化模型式 (5-7) 和式 (5-8) 在数学形式上更加简洁明了，但由于正号函数不可微，导致无约束优化问题式 (5-7) 和式 (5-8) 的目标函数是非光滑的，从而给求解带来了困难。一条可行的途径是利用光滑技术对不可微优化问题作光滑处理，以易于求解。文献 [8] 中提出的光滑孪生支持向量机就是采用的这种方法，取得了较好的分类结果。文献 [8] 中采用的光滑函数是 Sigmoid 函数的积分函数：

$$P(x, k) = x + \frac{1}{k} \lg(1 + \mathrm{e}^{-kx}), \quad k > 0 \tag{5-9}$$

将式 (5-9) 代入式 (5-7) 和式 (5-8) 中，可得到光滑孪生支持向量机的模型为

$$\min_{w^{(1)}, b^{(1)}, \xi^{(2)}} \frac{1}{2} \left\| Aw^{(1)} + e_1 b^{(1)} \right\|^2 + \frac{c_1}{2} \left\| P(e_2 + Bw^{(1)} + e_2 b^{(1)}, k) \right\|_2^2 \tag{5-10}$$

$$\min_{w^{(2)}, b^{(2)}, \xi^{(1)}} \frac{1}{2} \left\| Bw^{(2)} + e_2 b^{(2)} \right\|^2 + \frac{c_2}{2} \left\| P(e_1 - (Aw^{(2)} + e_1 b^{(2)}), k) \right\|_2^2 \tag{5-11}$$

式 (5-10) 和式 (5-11) 是可微的无约束优化问题，文献 [8] 证明了该模型具有唯一解，并使用具有快速收敛能力的 Newton-Armijo 法求解该模型。

5.1.3 光滑孪生支持向量机的优势与不足

与 TWSVM 相比，STWSVM 有以下优势：

(1) 目标函数为无约束优化问题，便于进行数学处理。

(2) 目标函数是严格凸且任意阶光滑，可用快速算法进行求解。优化问题的求解方法有很多种，只要运算速度快，得到的结果更好，就可使用，这为寻找求解光滑孪生支持向量机自身的更有效算法提供了基本思路。

STWSVM 的不足之处：

STWSVM 中使用的 Sigmoid 函数的积分函数虽然具有任意阶光滑，但是它的逼近精度较差，使得 STWSVM 模型的效果也比较差。

那么，是否存在以及如何寻找性能更优的光滑函数，一直是一个亟待解决的问题。

5.2 多项式光滑孪生支持向量机

针对光滑孪生支持向量机中 Sigmoid 函数逼近精度不高的问题，在本节中我们将正号函数展开为无穷多项式级数，由此得到一族光滑函数。采用该多项式光滑函数逼近孪生支持向量机的不可微项，并用 Newton-Armijo 算法求解相应的模型，提出了多项式光滑孪生支持向量机 (polynomial smooth twin support vector machines, PSTWSVM)[9]。

5.2.1 PSTWSVM 的原理及性质

定理 5.1 无约束孪生支持向量机模型由式 (5-7) 和式 (5-8) 给出，该模型连续但不光滑。

证明 显然地，式 (5-7) 和式 (5-8) 中目标函数的可导性和光滑性最终取决于正号函数 x_+，由 x_+ 的定义 $x_+ = \begin{cases} x, & x \geqslant 0 \\ 0, & x < 0 \end{cases}$ 可知，$\lim\limits_{x\to 0^+} x_+ = 1$，$\lim\limits_{x\to 0^-} x_+ = 0$，因此 x_+ 在 $x=0$ 点处不可微。同时，x_+ 也可以表示为 $x_+ = \dfrac{|x|+x}{2}$，显然 x_+ 是连续函数。因此，x_+ 连续但不光滑。证毕。

由定理 5.1 可知，式 (5-7) 和式 (5-8) 的第二项不光滑，无法用传统的数值优化方法进行求解，因此我们将采用多项式光滑函数来逼近目标函数，然后采用数值优化方法进行求解。

1. 多项式光滑函数

Weierstrass 定理 [10] 设任意的连续函数 $f(x), x \in [m,n]$，则存在多项式 $P_n(x)$, 使得 $\lim\limits_{n\to\infty} \max\limits_{m\leqslant x\leqslant n} |f(x) - P_n(x)| = 0$。

Weierstrass 定理说了闭区间上的任意连续实值函数，可用多项式函数任意地一致逼近。而由定理 5.1 可知，正号函数是连续函数，因此可以用多项式函数去逼近它。文献 [11] 只是给出了一阶和二阶的两个光滑多项式函数的形式，本节依据类似的思想，采用函数的级数展开法给出此类光滑函数的通用公式。

引理 5.1 [12] 对于 $m = \dfrac{1}{2}$ 的二项展开式为

$$\sqrt{1+x} = 1 + \frac{1}{2}x - \frac{1}{2\cdot 4}x^2 + \frac{1\cdot 3}{2\cdot 4\cdot 6}x^3 - \frac{1\cdot 3\cdot 5}{2\cdot 4\cdot 6\cdot 8}x^4 + \cdots$$

$$= 1 + \frac{1}{2}x - \sum_{n=2}^{\infty} \frac{(2n-3)!!}{(2n)!!}(-x)^n, \quad -1 \leqslant x \leqslant 1 \tag{5-12}$$

定理 5.2 正号函数 x_+ 在 $\left[-\frac{1}{k}, \frac{1}{k}\right]$ 上可以展开成多项式级数为

$$x_+ = \frac{1}{2k}\left[\frac{1+k^2x^2}{2} - \sum_{n=2}^{\infty} \frac{(2n-3)!!}{(2n)!!}(1-k^2x^2)^n\right] + \frac{x}{2}$$

证明

$$x_+ = \max(0, x) = \frac{|x| + x}{2} = \frac{|kx|}{2k} + \frac{x}{2} = \frac{1}{2k}\sqrt{1 + (k^2x^2) - 1} + \frac{x}{2}$$

由引理 5.1 可得

$$x_+ = \frac{1}{2k}\left[\frac{1+k^2x^2}{2} - \sum_{n=2}^{\infty} \frac{(2n-3)!!}{(2n)!!}(1-k^2x^2)^n\right] + \frac{x}{2}$$

证毕。

定理 5.3 x_+ 在 $\left[-\frac{1}{k}, \frac{1}{k}\right]$ 上的多项式逼近函数为

$$P_n(x,k) = \begin{cases} x, & x \geqslant \dfrac{1}{k} \\ \dfrac{1}{2k}\left[\dfrac{1+k^2x^2}{2} - \displaystyle\sum_{l=2}^{n} \dfrac{(2l-3)!!}{(2l)!!}(1-k^2x^2)^l\right] & \\ +\dfrac{x}{2}, & |x| < \dfrac{1}{k},\ k > 0 \\ 0, & x \leqslant -\dfrac{1}{k} \end{cases} \tag{5-13}$$

其中 n 为正整数。当 $k=10$，$n=1,2$ 的多项式光滑函数对正号函数的逼近图像如图 5-1 所示，$P_n(x,k)$ 随着 n 的增大，对 x_+ 的逼近程度会提高。

定理 5.4 $P_n(x,k)$ 由定理 5.3 给出，则:

(1) $P_n(x,k)$ 关于 x 具有 n 阶光滑性;

(2) $\lim\limits_{n\to\infty} \max(P_n(x,k) - x_+) = 0$。

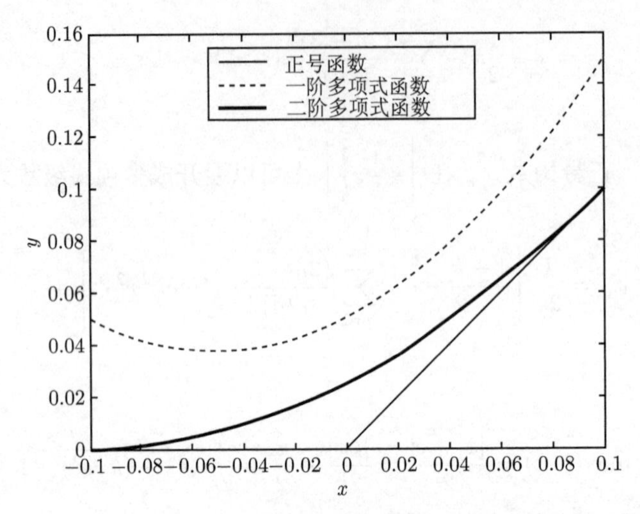

图 5-1 $k=10$ 时一阶和二阶多项式函数对正号函数的逼近图

证明 (1) 要证明 $P_n(x,k)$ 关于 x 具有 n 阶光滑性，即要其满足：

$$P_n\left(\frac{1}{k},k\right)=\frac{1}{k},\quad P_n(-\frac{1}{k},k)=0$$

$$\nabla P_n\left(\frac{1}{k},k\right)=1,\quad \nabla P_n(-\frac{1}{k},k)=0$$

$$\nabla^n P_n\left(\frac{1}{k},k\right)=0,\quad \nabla^n P_n(-\frac{1}{k},k)=0,\quad n\geqslant 2$$

由式 (5-13) 可知：

$$P_n\left(\frac{1}{k},k\right)=\frac{1}{k},\quad P_n(-\frac{1}{k},k)=0$$

对 x 求偏导数，有

当 $n\geqslant 1$ 时，

$$\nabla P_n(x,k)=\begin{cases}1, & x\geqslant\dfrac{1}{k}\\ \dfrac{kx}{2}\left[1+\displaystyle\sum_{l=2}^{n}\frac{(2l-3)!!}{(2l-2)!!}(1-k^2x^2)^{l-1}\right]+\dfrac{1}{2}, & |x|<\dfrac{1}{k},\quad k>0\\ 0, & x\leqslant-\dfrac{1}{k}\end{cases}$$

当 $n \geqslant 2$ 时，

$$\nabla^2 P_n(x,k) = \begin{cases} 0, & x \geqslant \dfrac{1}{k} \\ \dfrac{k}{2}\left[1+\displaystyle\sum_{l=2}^{n}\dfrac{(2l-3)!!}{(2l-2)!!}(1-k^2x^2)^{l-1}\right] & \\ -\dfrac{k^3x^2}{2}\displaystyle\sum_{l=2}^{n}\dfrac{(2l-3)!!}{(2l-4)!!}(1-k^2x^2)^{l-2}, & |x| < \dfrac{1}{k},\ k>0 \\ 0, & x \leqslant -\dfrac{1}{k} \end{cases}$$

易知 $\nabla P_n(x,k)$、$\nabla^2 P_n(x,k)$ 和 $\nabla^n P_n(x,k)(n>2)$ 在 $x=\pm\dfrac{1}{k}$ 处存在且连续，因此 $P_n(x,k)$ 关于 x 具有 n 阶光滑性。

(2) 由 Weierstrass 定理得到

$$\lim_{n\to\infty} \max(P_n(x,k)-x_+)=0$$

定理 5.4 说明，在 n 取足够大时，采用展开级数法的多项式光滑函数对正号函数的逼近是可以达到任意给定的精度的。

2. 最优光滑因子

在式 (5-13) 中有一个参数 k，称为光滑因子。下面给出光滑因子最优值的公式。

定义 5.3 任意给定逼近精度 E，如果光滑函数 $P_n(x,k)$ 对 x_+ 的逼近满足 $|P_n(x,k)-x| \leqslant E$，则称使得该式成立的光滑因子的取值为最优光滑因子，记为 $k_{\text{opt}}(n,E)$。

按照定义 5.3，有 $|P_n(x,k)-x| \leqslant E$，再由定理 5.4 可知，$P_n(x,k)-x_+ \leqslant E$，因为 $P_n(x,k)$ 对 x_+ 的逼近积分在 $x=0$ 时误差最大，所以只要保证在 $x=0$ 时 $P_n(x,k)-x_+ \leqslant E$ 成立即可。将 $x=0$ 代入式 (5-13)，得到

$$k_{\text{opt}}(n,E) \geqslant \frac{\dfrac{1}{2}-\displaystyle\sum_{l=2}^{n}\dfrac{(2l-3)!!}{(2l)!!}}{2E} \tag{5-14}$$

3. 基于 Newton-Armijo 的 PSTWSVM

对所有的 $n \geqslant 2$，$P_n(x,k)$ 具有二阶光滑，因此可以采用 Newton-Armijo 法求解下面两个无约束优化问题。

$$\min_{w^{(1)},b^{(1)},\xi^{(2)}} \frac{1}{2}\left\|Aw^{(1)}+e_1b^{(1)}\right\|^2+\frac{c_1}{2}P[(e_2+Bw^{(1)}+e_2b^{(1)}),k] \tag{5-15}$$

$$\min_{w^{(2)},b^{(2)},\xi^{(1)}} \frac{1}{2}\left\|Bw^{(2)}+e_2b^{(2)}\right\|^2+\frac{c_2}{2}P[e_1-(Aw^{(2)}+e_1b^{(2)}),k] \tag{5-16}$$

算法 5.1 Newton-Armijo 法求解 PSTWSVM

输入: 给定初始点 $(w^0,\gamma^0)\in R^{n+1}$, η，令迭代步骤 $i=0$;

输出: 目标函数的最优值。

步骤 1 计算 $\Phi^i=\Phi(w^i,b^i;\varepsilon)$ 和 $g^i=\nabla\Phi(w^i,b^i;\varepsilon)$;

步骤 2 如果 $\|g^i\|\leqslant\eta$，则选取 $(w^*,b^*)=(w^i,b^i)$，停机；否则由方程 $\nabla^2\Phi(w^i,b^i;\varepsilon)d^i=-g^i$，计算下降方向 d^i；

步骤 3 (Armijo 步) 取 $\delta\in\left(0,\frac{1}{2}\right)$，$\lambda_i=\max\left\{1,\frac{1}{2},\frac{1}{4},\cdots\right\}$，使得 $\Phi(w^i,b^i;\varepsilon)-\Phi((w^i,b^i)+\lambda_id^i;\varepsilon)\geqslant-\delta\lambda_ig^id^i$ 成立，令 $(w^{i+1},b^{i+1})=(w^i,b^i)+\lambda_id_i^i$；

步骤 4 令 $i\leftarrow i+1$，转步骤 2。

4. 非线性 PSTWSVM

PSTWSVM 不仅可以解决线性分类问题，如果将前面的结论推广到非线性光滑 PSTWSVM，就可以处理非线性问题。

基于核空间的 TWSVM 两个超平面可以表示为

$$K(x^{\mathrm{T}},C^{\mathrm{T}})u_1+b_1=0,\quad K(x^{\mathrm{T}},C^{\mathrm{T}})u_2+b_2=0 \tag{5-17}$$

其中 $C=[A^{\mathrm{T}},B^{\mathrm{T}}]^{\mathrm{T}}$，则非线性 TWSVM 的优化问题为

$$\begin{aligned}&\min_{w^{(1)},b^{(1)},\xi^{(2)}} \frac{1}{2}\left\|K(A,C^{\mathrm{T}})w^{(1)}+e_1b^{(1)}\right\|^2+c_1e_2^{\mathrm{T}}\xi^{(2)}\\ &\text{s.t.}\quad -(K(B,C^{\mathrm{T}})w^{(1)}+b^{(1)})\geqslant e_2-\xi^{(2)},\xi^{(2)}\geqslant 0\end{aligned} \tag{5-18}$$

$$\begin{aligned}&\min_{w^{(2)},b^{(2)},\xi^{(1)}} \frac{1}{2}\left\|K(B,C^{\mathrm{T}})w^{(2)}+e_2b^{(2)}\right\|^2+c_2e_1^{\mathrm{T}}\xi^{(1)}\\ &\text{s.t.}\quad (K(A,C^{\mathrm{T}})w^{(2)}+b^{(2)})\geqslant e_1-\xi^{(1)},\xi^{(1)}\geqslant 0\end{aligned} \tag{5-19}$$

引入定理 5.3 的光滑函数，就可得非线性 PSTWSVM 模型

$$\min_{w^{(1)},b^{(1)},\xi^{(2)}} \frac{1}{2}\left\|K(A,C^{\mathrm{T}})w^{(1)}+e_1b^{(1)}\right\|^2+\frac{c_1}{2}P\left[e_2+K(B,C^{\mathrm{T}})w^{(1)}+e_2b^{(1)},k\right] \tag{5-20}$$

$$\min_{w^{(2)},b^{(2)},\xi^{(1)}} \frac{1}{2}\left\|K(B,C^{\mathrm{T}})w^{(2)}+e_2b^{(2)}\right\|^2+\frac{c_2}{2}P\left[e_1-K(A,C^{\mathrm{T}})w^{(2)}+e_1b^{(2)},k\right] \tag{5-21}$$

前面的定理和定义也适用于非线性 PSTWSVM。

5.2.2 实验与分析

本节实验分两部分，即人工数据集上的实验和 UCI 数据库中 7 个数据集上的实验。所有实验都是在 PC 机 (2G 内存，320G 硬盘，CPU E4500) 上采用 MATLAB 环境实现。

1. 在人工数据集上的实验

使用的人工数据集是二维的，主要用来测试线性 PSTWSVM 和非线性 PST-WSVM 的分类性能。实验中的参数设置如下：Newton-Armijo 法结束时下降方向的模为 $\varepsilon_1 = 10^{-3}$，光滑函数的逼近精度为 $\varepsilon_2 = 10^{-3}$，非线性 PSTWSVM 和非线性 TWSVM 采用的核函数为高斯核函数，其参数 $\sigma = 1$，PSTWSVM 和 TWSVM 的参数 c_1 和 c_2 是采用网格划分方法进行确定的，搜索范围为 $[-2, 2]$；PSTWSVM 中的光滑因子值 k 按定义 5.1 取最优光滑因子的值；多项式的阶数 $n = 5$。实验结果如表 5-1 所示 (都是 10 次实验的平均结果)。实验结果表明，相对于 TWSVM，PSTWSVM 的训练精度和测试精度略有提高，特别地，运行时间降低了，这是因为 Newton-Armijo 法具有快速的优化能力。非线性 PSTWSVM 的训练时间比线性 PSTWSVM 的训练时间有所增加，但是训练精度和测试精度都有所提高。图 5-2 和图 5-3 分别

表 5-1 四种算法的结果比较

算法	训练正确率/%	测试正确率/%	时间/s
线性 TWSVM	88.5	82.7	0.1679
线性 PSTWSVM	93.8	90.0	0.1141
非线性 TWSVM	90.7	85.6	2.4010
非线性 PSTWSVM	99.3	97.5	0.2172

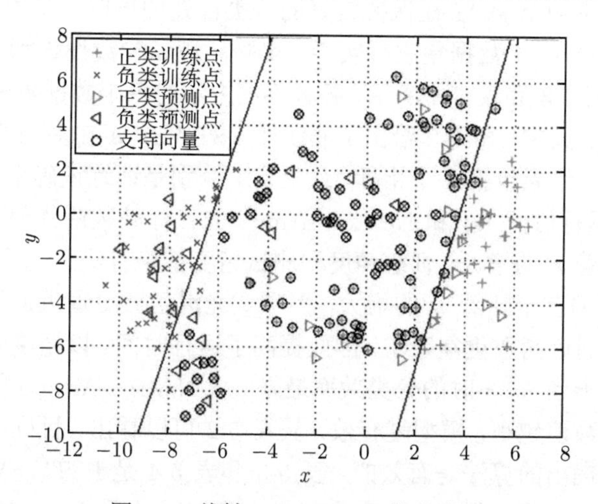

图 5-2 线性 PSTWSVM 的分类图

是线性 PSTWSVM 和非线性 PSTWSVM 对此人工数据集的分类图。从图中我们可以看出，此人工数据集是非线性可分的，所以图 5-3 的分类效果明显好于图 5-2。

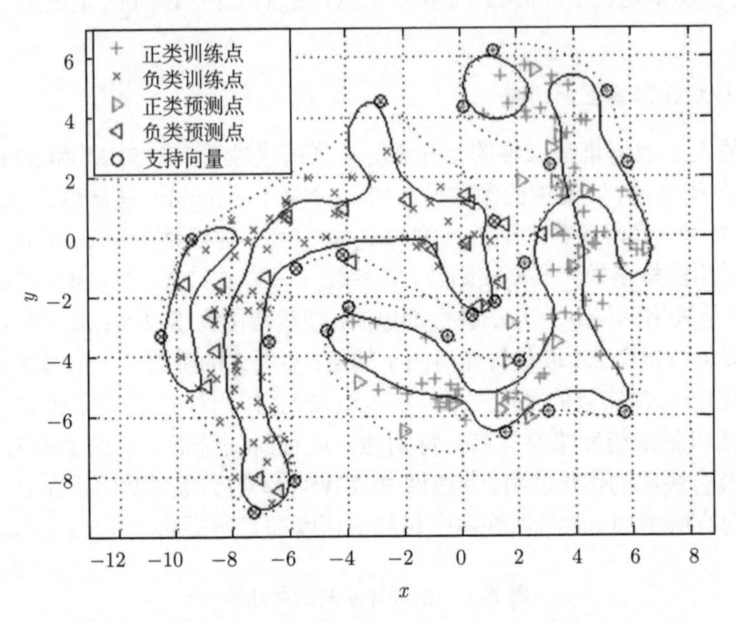

图 5-3 非线性 PSTWSVM 的分类图

2. 在 UCI 数据上的实验

上面我们验证了线性 PSTWSVM 和非线性 PSTWSVM 在人工数据集上的有效性，并显示出 PSTWSVM 在保持较好的分类性能的同时，节省了 CPU 的执行时间。下面我们对 UCI 数据集进行实验，实验环境和参数设置和上节相同，实验结果如表 5-2、表 5-3 和表 5-4 所示，各种不同方法对每个数据集分类的最好结果用加粗字体表示。其中，表 5-2 给出了非线性 PSTWSVM 在多项式阶数 n 取不同值时的实验结果。结果包括 4 个指标，从上到下分别是训练正确率 (%)、测试正确率 (%)、CPU 运行时间 (s) 和 Newton-Armijo 的目标函数最优值。从表 5-2 中我们可以看出，随着 n 的增大，训练精度和测试精度都略有提高，同时 CPU 时间也增加了。主要原因在于随着 n 的增大，多项式光滑函数更逼近原函数，所以精度有所提高，但是逼近函数更复杂了，因此提高了运行时间。以精度和时间复杂度进行折中，可以看出当 n=3 时的分类效率最好。从 Newton-Armijo 的目标函数最优值来看，目标函数值越小，模型越有效。从表 5-2 可以看出，目标函数最优值都比较小，说明本书提出的算法是有效的。表 5-3 和表 5-4 是 PSTWSVM 与 TWSVM 以及 SVM 的比较结果，从表 5-3 和表 5-4 中我们可以看出，相对于 TWSVM 和

SVM，PSTWSVM 的分类正确率略有提高，CPU 运行时间也有所降低。

表 5-2 非线性 PSTWSVM 在多项式阶数 n 取不同值时的实验结果

阶数	项目	Australian (690×14)	Breast Cancer (683×11)	Heart (270×14)	Pima (768×9)	Votes (435×16)	Sonar (208×60)	CMC (1473×9)
n=1	训练正确率/%	86.13±6.31	89.20±5.42	94.56±4.21	89.32±2.31	94.41±1.47	90.70±8.10	87.28±7.41
	测试正确率/%	85.78±5.78	65.89±7.54	80.54±2.10	76.49±2.75	90.24±7.14	85.25±5.47	64.37±8.52
	时间/s	8.67	14.87	0.09	8.24	0.89	0.91	15.14
	最优解	4.5214	0.4587	1.0041	0.2145	0.1457	0.3541	0.0148
n=2	训练正确率/%	91.89±5.56	89.64±5.71	95.02±3.22	91.85±4.36	95.10±2.14	91.47±4.54	87.78±5.64
	测试正确率/%	88.49±2.31	66.09±5.36	83.41±3.12	78.96±7.56	94.14±4.11	88.32±5.24	66.52±7.23
	时间/s	9.84	15.21	0.12	8.70	1.02	1.04	17.25
	最优解	0.1845	1.2457	0.0047	0.0014	0.2564	0.0474	0.1474
n=3	训练正确率/%	92.25±7.10	89.78±3.45	95.12±2.13	92.36±5.21	100	95.36±1.23	90.15±3.14
	测试正确率/%	88.61±4.31	66.21±2.31	84.56±6.32	81.52±4.56	95.50±2.23	89.95±2.31	70.85±8.36
	时间/s	10.8	15.7	0.17	9.06	1.54	1.20	20.11
	最优解	0.2506	4.1564	0.0064	3.1221	0.2564	0.0124	2.0124
n=4	训练正确率/%	93.01±3.22	89.93±6.30	95.25±3.12	91.78±5.36	100	96.14±1.01	94.55±4.21
	测试正确率/%	88.73±4.21	66.25±3.27	85.21±5.41	81.25±7.10	95.56±2.21	89.58±7.78	70.34±5.27
	时间/s	12.04	17.20	0.25	11.25	2.32	2.31	25.17
	最优解	0.1421	0.4520	0.03410	0.0141	0.0147	1.0274	0.1420
n=5	训练正确率/%	95.02±3.54	91.20±5.65	96.45±1.01	92.89±5.24	100	95.36±2.23	95.14±2.27
	测试正确率/%	88.66±4.37	65.45±5.21	85.22±5.16	82.10±4.25	95.78±3.21	90.01±5.23	71.54±5.74
	时间/s	12.54	17.98	0.37	14.21	2.87	3.40	28.42
	最优解	0.2521	4.5641	0.2245	0.0012	0.0014	0.0187	4.5124

表 5-3 非线性 PSTWSVM 和其他算法对数据集的分类正确率的比较(n = 3)

数据集	PSTWSVM	TWSVM	SVM
Australian	**88.61±4.31**	84.81±2.15	85.51±2.16
Breast Cancer	**66.21±2.31**	64.42±3.87	65.42±4.53
Heart	**82.10±6.32**	81.89±4.31	82.22±6.67
Pima	**81.52±4.56**	73.70±6.05	76.55±2.40
Votes	95.50±1.23	94.96±4.24	**95.85±2.24**
Sonar	**89.95±2.31**	89.52±3.37	88.91±9.68
CMC	70.85±8.36	**73.50±9.85**	68.98±2.17

表 5-4 非线性 PSTWSVM 和其他算法对数据集的运算时间的比较($n=3$) (单位：s)

数据集	PSTWSVM	TWSVM	SVM
Australian	**10.8**	34.21	133.53
Breast Cancer	**15.7**	37.54	150.17
Heart	**0.10**	0.13	0.45
Pima	**9.06**	10.23	42.65
Votes	**1.54**	1.96	7.78
Sonar	**1.20**	1.24	5.36
CMC	**20.11**	35.01	126.97

5.3 加权光滑 CHKS 孪生支持向量机

在这一节中，针对光滑孪生支持向量机 (STWSVM) 采用的 Sigmoid 函数的积分函数逼近精度低和 STWSVM 对异常点敏感的问题，引入 CHKS 函数作为光滑函数，提出了光滑 CHKS 孪生支持向量机模型 (smooth CHKS twin support vector machines, SCTWSVM)。在此基础上，根据样本点的位置为每个训练样本赋予不同的重要性，以降低异常点对非平行超平面的影响，提出了加权光滑 CHKS 孪生支持向量机 (weighted smooth CHKS twin support vector machines, WSCTWSVM)。不仅从理论上证明了 SCTWSVM 具有严凸性和任意阶光滑的性能，而且在数据集上的实验结果表明，相对于 STWSVM，SCTWSVM 可以在更短的时间内获得更高的分类精度，同时验证了 WSCTWSVM 的有效性和可行性[13]。

5.3.1 SCTWSVM 的原理及性质

引入 CHKS 函数 $\phi(x,\varepsilon)=\dfrac{x+\sqrt{x^2+4\varepsilon^2}}{2}$ 取代式 (5-9) 的 Sigmoid 函数的积分函数，其中，ε是足够小的参数。则根据 TWSVM 模型的特点，可得

$$\phi_1(w^{(1)},b^{(1)},\varepsilon)=\frac{1}{2}(e_2+Bw^{(1)}+e_2b^{(1)})+\frac{1}{2}\sqrt{(e_2+Bw^{(1)}+e_2b^{(1)})^2+4\varepsilon^2} \quad (5\text{-}22)$$

$$\phi_2(w^{(2)},b^{(2)},\varepsilon)=\frac{1}{2}(e_1-Aw^{(2)}-e_1b^{(2)})+\frac{1}{2}\sqrt{(e_1-Aw^{(2)}-e_1b^{(2)})^2+4\varepsilon^2} \quad (5\text{-}23)$$

采用式 (5-22) 和式 (5-23) 作为光滑函数，可得到光滑 CHKS 孪生支持向量机的模型为

$$\min_{w^{(1)},b^{(1)},\xi^{(2)}} \varPhi_1(w^{(1)},b^{(1)},\varepsilon)=\frac{1}{2}\left\|Aw^{(1)}+e_1b^{(1)}\right\|^2+\frac{c_1}{2}\left\|\phi_1(w^{(1)},b^{(1)},\varepsilon)\right\|_2^2 \quad (5\text{-}24)$$

$$\min_{w^{(2)},b^{(2)},\xi^{(1)}} \varPhi_2(w^{(2)},b^{(2)},\varepsilon)=\frac{1}{2}\left\|Bw^{(2)}+e_2b^{(2)}\right\|^2+\frac{c_2}{2}\left\|\phi_2(w^{(2)},b^{(2)},\varepsilon)\right\|_2^2 \quad (5\text{-}25)$$

引理 5.2 $\varPhi_1(w^{(1)},b^{(1)},\varepsilon)$ 和 $\varPhi_2(w^{(2)},b^{(2)},\varepsilon)$ 由式 (5-24) 和式 (5-25) 给出，则

(1) 对任意的 $w^{(1)} \in R^n$、$w^{(2)} \in R^n$、$b^{(1)} \in R$ 和 $b^{(2)} \in R$，$\Phi_1(w^{(1)}, b^{(1)}, \varepsilon)$ 和 $\Phi_2(w^{(2)}, b^{(2)}, \varepsilon)$ 分别关于 $w^{(1)}$、$b^{(1)}$ 和 $w^{(2)}$、$b^{(2)}$ 任意阶光滑；

(2) 对任意的 $w^{(1)} \in R^n$、$w^{(2)} \in R^n$、$b^{(1)} \in R$ 和 $b^{(2)} \in R$，$\Phi_1(w^{(1)}, b^{(1)}, \varepsilon)$ 和 $\Phi_2(w^{(2)}, b^{(2)}, \varepsilon)$ 单调递增；

(3) 对任意的 $w^{(1)} \in R^n$、$w^{(2)} \in R^n$、$b^{(1)} \in R$、$b^{(2)} \in R$ 和 $\varepsilon > 0$，有

$$\Phi_1(w^{(1)}, b^{(1)}) \leqslant \Phi_1(w^{(1)}, b^{(1)}, \varepsilon) \leqslant \Phi_1(w^{(1)}, b^{(1)}) + \varepsilon$$

$$\Phi_2(w^{(2)}, b^{(2)}) \leqslant \Phi_2(w^{(2)}, b^{(2)}, \varepsilon) \leqslant \Phi_2(w^{(2)}, b^{(2)}) + \varepsilon$$

(4) 对任意的 $\varepsilon > 0$，$\Phi_1(w^{(1)}, b^{(1)}, \varepsilon)$ 和 $\Phi_2(w^{(2)}, b^{(2)}, \varepsilon)$ 连续可微且严格凸。

证明：(1) 容易证明 $\phi_1(w^{(1)}, b^{(1)}, \varepsilon)$ 和 $\phi_2(w^{(2)}, b^{(2)}, \varepsilon)$ 是任意阶光滑的，因此结论 (1) 成立，证明略。

(2) 在此我们只证明 $\Phi_1(w^{(1)}, b^{(1)}, \varepsilon)$ 是单调递增的，$\Phi_2(w^{(2)}, b^{(2)}, \varepsilon)$ 同理可证。对任意的 $x \in R^n$，$\varepsilon > 0$，有

$$\frac{\partial \phi_1(x, \varepsilon)}{\partial \varepsilon} = \frac{2\varepsilon}{\sqrt{x^2 + 4\varepsilon^2}} > 0$$

$$\frac{\partial \phi_1(x, \varepsilon)}{\partial x} = \frac{1}{2}\left(1 + \frac{x}{\sqrt{x^2 + 4\varepsilon^2}}\right) = \frac{\sqrt{x^2 + 4\varepsilon^2} + x}{2\sqrt{x^2 + 4\varepsilon^2}} > 0$$

因此函数 $\phi_1(x, \varepsilon)$ 关于 ε 是单调递增函数，即对任意的 $0 < \varepsilon_1 < \varepsilon_2$，有 $\phi_1(x, \varepsilon_1) < \phi_1(x, \varepsilon_2)$，再由 $\Phi_1(w^{(1)}, b^{(1)}, \varepsilon)$ 的定义，结论显然是成立的。

(3) $\phi_1(x, \varepsilon) - \max\{0, x\} = \dfrac{\sqrt{x^2 + 4\varepsilon^2} + x}{2} - \dfrac{x + \sqrt{x^2}}{2} = \dfrac{\sqrt{x^2 + 4\varepsilon^2} - \sqrt{x^2}}{2}$

因此对任意的 $w^{(1)} \in R^n$、$b^{(1)} \in R$ 和 $\varepsilon > 0$，有 $0 \leqslant \phi_1(w^{(1)}, b^{(1)}, \varepsilon) - \phi_1(w^{(1)}, b^{(1)}) \leqslant \varepsilon$，由 $\Phi_1(w^{(1)}, b^{(1)}, \varepsilon)$ 的定义易得 $\Phi_1(w^{(1)}, b^{(1)}) \leqslant \Phi_1(w^{(1)}, b^{(1)}, \varepsilon) \leqslant \Phi_1(w^{(1)}, b^{(1)}) + \varepsilon$。$\Phi_2(w^{(2)}, b^{(2)}) \leqslant \Phi_2(w^{(2)}, b^{(2)}, \varepsilon) \leqslant \Phi_2(w^{(2)}, b^{(2)}) + \varepsilon$ 同理可证。

(4) 对任意的 $\varepsilon > 0$，$\Phi_1(w^{(1)}, b^{(1)}, \varepsilon)$ 显然是连续可微的。下面证明它是严格凸函数。由式 (5-24) 和式 (5-25) 可得

$$\nabla_{w^{(1)}} \Phi_1(w^{(1)}, b^{(1)}, \varepsilon) = A(Aw^{(1)} + e_1 b^{(1)}) + \frac{c_1}{2}\left(1 + \frac{e_2 + Bw^{(1)} + e_2 b^{(1)}}{\sqrt{(e_2 + Bw^{(1)} + e_2 b^{(1)}) + 4\varepsilon^2}}\right) B$$

$$\nabla_{b^{(1)}} \Phi_1(w^{(1)}, b^{(1)}, \varepsilon) = e_1(Aw^{(1)} + e_1 b^{(1)}) + \frac{c_1}{2}\left(1 + \frac{e_2 + Bw^{(1)} + e_2 b^{(1)}}{\sqrt{(e_2 + Bw^{(1)} + e_2 b^{(1)}) + 4\varepsilon^2}}\right) e_1$$

于是有

$$\nabla^2 \Phi_1(w^{(1)}, b^{(1)}, \varepsilon) = \begin{bmatrix} AA^{\mathrm{T}} + BB^{\mathrm{T}} \lambda_1(w^{(1)}, b^{(1)}, \varepsilon) & Ae_1 + B\lambda_1(w^{(1)}, b^{(1)}, \varepsilon) \\ Ae_1 + Be_1 \lambda_1(w^{(1)}, b^{(1)}, \varepsilon) & e_1 e_1^{\mathrm{T}} + e_1 e_1^{\mathrm{T}} \lambda_1(w^{(1)}, b^{(1)}, \varepsilon) \end{bmatrix}$$

其中

$$\lambda_1(w^{(1)}, b^{(1)}, \varepsilon) = \frac{2c_1 e_2^{\mathrm{T}} \varepsilon^2}{(\sqrt{(e_2 + Bw^{(1)} + e_2 b^{(1)}) + 4\varepsilon^2})^3}$$

对任意的 $\xi_1^{\mathrm{T}} = (\xi^{\mathrm{T}}, \xi_0) \in R^{n+1}$ 且 $\xi_1 \neq 0$，$\xi \in R^n$，由于 $\lambda_1(w^{(1)}, b^{(1)}, \varepsilon) > 0$，有

$$\begin{aligned}
\xi_1^{\mathrm{T}} \nabla^2 \varPhi_1(w^{(1)}, b^{(1)}, \varepsilon)\xi_1 =& (A\xi^{\mathrm{T}})(A^{\mathrm{T}}\xi) + (B\xi^{\mathrm{T}})(B^{\mathrm{T}}\xi)\lambda_1(w^{(1)}, b^{(1)}, \varepsilon) \\
&+ Ae_1\xi\xi_0 + B\xi\xi_0\lambda_1(w^{(1)}, b^{(1)}, \varepsilon) \\
&+ Ae_1\xi\xi_0 + Be_1\xi\xi_0\lambda_1(w^{(1)}, b^{(1)}, \varepsilon) \\
&+ \xi_0^2 e_1 e_1^{\mathrm{T}} + \xi_0^2 e_1 e_1^{\mathrm{T}} \lambda_1(w^{(1)}, b^{(1)}, \varepsilon) \\
=& \|A\xi\|^2 + (B\xi + \xi_0)^2 \lambda_1(w^{(1)}, b^{(1)}, \varepsilon) > 0
\end{aligned}$$

因此，对任意的 $\varepsilon > 0$，$\varPhi_1(w^{(1)}, b^{(1)}, \varepsilon)$ 是严格凸函数。同理可证 $\varPhi_2(w^{(2)}, b^{(2)}, \varepsilon)$ 是连续可微且是严格凸的。

引理 5.3　设 (w_1^k, b_1^k) 和 (w_2^k, b_2^k) 是目标函数式 (5-24) 和式 (5-25) 的极小点，(w_1^*, b_1^*) 和 (w_2^*, b_2^*) 是式 (5-7) 和式 (5-8) 的极小点，则当光滑因子 ε 趋于无穷小时，有

$$0 \leqslant \varPhi_1(w_1^k, b_1^k, \varepsilon) - \varPhi_1(w_1^*, b_1^*) \leqslant C\varepsilon \tag{5-26}$$

$$0 \leqslant \varPhi_2(w_2^k, b_2^k, \varepsilon) - \varPhi_2(w_2^*, b_2^*) \leqslant C\varepsilon \tag{5-27}$$

其中 C 为常数。

定理 5.5　SCTWSVM 模型的解全局收敛于 TWSVM 原问题的解。即设 (w_1^k, b_1^k) 和 (w_2^k, b_2^k) 是目标函数式 (5-24) 和式 (5-25) 的极小点，则存在式 (5-7) 和式 (5-8) 的极小点 (w_1^*, b_1^*) 和 (w_2^*, b_2^*)，使得

$$\lim_{k\to\infty} (w_1^k, b_1^k) = (w_1^*, b_1^*) \tag{5-28}$$

$$\lim_{k\to\infty} (w_2^k, b_2^k) = (w_2^*, b_2^*) \tag{5-29}$$

证明　由于 $\varPhi_1(w_1, b_1, \varepsilon)$ 和 $\varPhi_2(w_2, b_2, \varepsilon)$ 是严格凸函数，可得问题式 (5-24) 和式 (5-25) 的极小值点 (w_1^k, b_1^k) 和 (w_2^k, b_2^k) 唯一。由引理 5.3 可知

$$0 \leqslant \varPhi_1(w_1^k, b_1^k, \varepsilon) - \varPhi_1(w_1^*, b_1^*) \leqslant \varepsilon, \quad 0 \leqslant \varPhi_2(w_2^k, b_2^k, \varepsilon) - \varPhi_2(w_2^*, b_2^*) \leqslant \varepsilon$$

因此点列 $\{(w_1^k, b_1^k)\}_{k=1}^{+\infty}$ 和 $\{(w_2^k, b_2^k)\}_{k=1}^{+\infty}$ 收敛，再由 $\varPhi_1(w_1, b_1)$ 和 $\varPhi_2(w_2, b_2)$ 的连续性可证。

5.3.2 非线性 SCTWSVM

由前面的分析我们知道 SCTWSVM 可以解决线性分类问题，如果将前面的结论推广到非线性 SCTWSVM，就可以处理非线性问题。

基于核空间的 TWSVM 的两个超平面可以表示为

$$K(x^{\mathrm{T}},C^{\mathrm{T}})u_1+b_1=0,\quad K(x^{\mathrm{T}},C^{\mathrm{T}})u_2+b_2=0 \tag{5-30}$$

其中 $C=[A^{\mathrm{T}},B^{\mathrm{T}}]^{\mathrm{T}}$，则非线性 TWSVM 的优化问题为

$$\begin{aligned}&\min_{w^{(1)},b^{(1)},\xi^{(2)}}\frac{1}{2}\left\|K(A,C^{\mathrm{T}})w^{(1)}+e_1b^{(1)}\right\|^2+c_1e_2^{\mathrm{T}}\xi^{(2)}\\&\text{s.t.}\quad -(K(B,C^{\mathrm{T}})w^{(1)}+e_2b^{(1)})\geqslant e_2-\xi^{(2)},\quad \xi^{(2)}\geqslant 0\end{aligned} \tag{5-31}$$

$$\begin{aligned}&\min_{w^{(2)},b^{(2)},\xi^{(1)}}\frac{1}{2}\left\|K(B,C^{\mathrm{T}})w^{(2)}+e_2b^{(2)}\right\|^2+c_2e_1^{\mathrm{T}}\xi^{(1)}\\&\text{s.t.}\quad (K(A,C^{\mathrm{T}})w^{(2)}+e_1b^{(2)})\geqslant e_1-\xi^{(1)},\quad \xi^{(1)}\geqslant 0\end{aligned} \tag{5-32}$$

为了直接在原始空间中求解式 (5-31) 和式 (5-32)，先对式 (5-31) 和式 (5-32) 的目标函数做细微的调整，将松弛变量 $\xi^{(1)}$ 和 $\xi^{(2)}$ 由原来的 1 范式修改为 2 范式，则可得到

$$\begin{aligned}&\min_{w^{(1)},b^{(1)},\xi^{(2)}}\frac{1}{2}\left\|K(A,C^{\mathrm{T}})w^{(1)}+e_1b^{(1)}\right\|^2+\frac{c_1}{2}{\xi^{(2)}}^{\mathrm{T}}\xi^{(2)}\\&\text{s.t.}\quad -(K(B,C^{\mathrm{T}})w^{(1)}+e_2b^{(1)})\geqslant e_2-\xi^{(2)},\xi^{(2)}\geqslant 0\end{aligned} \tag{5-33}$$

$$\begin{aligned}&\min_{w^{(2)},b^{(2)},\xi^{(1)}}\frac{1}{2}\left\|K(B,C^{\mathrm{T}})w^{(2)}+e_2b^{(2)}\right\|^2+\frac{c_2}{2}{\xi^{(1)}}^{\mathrm{T}}\xi^{(1)}\\&\text{s.t.}\quad (K(A,C^{\mathrm{T}})w^{(2)}+e_1b^{(2)})\geqslant e_1-\xi^{(1)},\xi^{(1)}\geqslant 0\end{aligned} \tag{5-34}$$

式 (5-33) 和式 (5-34) 模型可转化为无约束规划问题：

$$\min_{w^{(1)},b^{(1)},\xi^{(2)}}\frac{1}{2}\left\|K(A,C^{\mathrm{T}})w^{(1)}+e_1b^{(1)}\right\|^2+\frac{c_1}{2}\left\|(e_2+K(B,C^{\mathrm{T}})w^{(1)}+e_2b^{(1)})_+\right\|_2^2 \tag{5-35}$$

$$\min_{w^{(2)},b^{(2)},\xi^{(1)}}\frac{1}{2}\left\|K(B,C^{\mathrm{T}})w^{(2)}+e_2b^{(2)}\right\|^2+\frac{c_2}{2}\left\|(e_1-K(A,C^{\mathrm{T}})w^{(2)}-e_1b^{(2)})_+\right\|_2^2 \tag{5-36}$$

引入 CHKS 光滑函数：

$$\phi_{11}(w^{(1)},b^{(1)},\varepsilon)=\frac{1}{2}(e_2+K(B,C^{\mathrm{T}})w^{(1)}+e_2b^{(1)})$$

$$+\frac{1}{2}\sqrt{(e_2+K(B,C^{\mathrm{T}})w^{(1)}+e_2b^{(1)})^2+4\varepsilon^2}$$

$$\phi_{12}(w^{(2)},b^{(2)},\varepsilon)=\frac{1}{2}(e_1-K(A,C^{\mathrm{T}})w^{(2)}-e_1b^{(2)})+\frac{1}{2}\sqrt{(e_1-K(A,C^{\mathrm{T}})w^{(2)}-e_1b^{(2)})^2+4\varepsilon^2}$$

可得非线性 SCTWSVM 模型如下：

$$\min_{w^{(1)},b^{(1)},\xi^{(2)}}\ \varPhi_3(w^{(1)},b^{(1)},\varepsilon)=\frac{1}{2}\left\|K(A,C^{\mathrm{T}})w^{(1)}+e_1b^{(1)}\right\|^2+\frac{c_1}{2}\left\|\phi_{11}(w^{(1)},b^{(1)},\varepsilon)\right\|_2^2 \tag{5-37}$$

$$\min_{w^{(2)},b^{(2)},\xi^{(1)}}\ \varPhi_4(w^{(2)},b^{(2)},\varepsilon)=\frac{1}{2}\left\|K(B,C^{\mathrm{T}})w^{(2)}+e_2b^{(2)}\right\|^2+\frac{c_2}{2}\left\|\phi_{12}(w^{(2)},b^{(2)},\varepsilon)\right\|_2^2 \tag{5-38}$$

经过推论易知前面的定理也适用于非线性 SCTWSVM。

5.3.3　SCTWSVM 算法

由引理 5.2 可知，SCTWSVM 的目标函数是任意阶光滑的，因此可以使用具有快速收敛能力的 Newton-Armijo 方法进行求解。因为目标函数是严格凸的，因此使用 Newton-Armijo 方法训练可以全局收敛，并且可以得到唯一的极小点。Newton-Armijo 求解 SCTWSVM 的过程如下。

算法 5.2　基于 Newton-Armijo 的 SCTWSVM 算法

输入：给定初始点 $(w_j^0,\gamma_j^0)\in R^{n+1}$，$\eta$，令迭代步骤 $i=0$，$j=1,2$；

输出：目标函数的最优值。

步骤 1　计算 $\varPhi_j^i=\varPhi_j^i(w_j^i,b_j^i;\varepsilon)$ 和 $g_j^i=\nabla\varPhi_j^i(w_j^i,b_j^i;\varepsilon)$；

步骤 2　如果 $\|g_j^i\|\leqslant\eta$，则选取 $(w_j^*,b_j^*)=(w_j^i,b_j^i)$，停机；否则由方程 $\nabla^2\varPhi_j^i(w_j^i,b_j^i;\varepsilon)d_j^i=-g_j^i$，计算下降方向 d_j^i；

步骤 3　(Armijo 步) 取 $\delta\in\left(0,\dfrac{1}{2}\right)$，$\lambda_i=\max\left\{1,\dfrac{1}{2},\dfrac{1}{4},\cdots\right\}$，使得 $\varPhi_j^i(w_j^i,b_j^i;\varepsilon)-\varPhi((w_j^i,b_j^i)+\lambda_id_j^i;\varepsilon)\geqslant-\delta\lambda_ig_j^id_j^i$ 成立，令 $(w_j^{i+1},b_j^{i+1})=(w_j^i,b_j^i)+\lambda_id_j^i$；

步骤 4　令 $i\leftarrow i+1$，转步骤 2。

5.3.4　加权光滑 CHKS 孪生支持向量机算法过程

1. 加权光滑 CHKS 孪生支持向量机模型

和 STWSVM 一样，SCTWSVM 没有考虑到不同位置的训练样本对最优分类超平面产生的不同影响。当训练样本出现噪声等异常点时，给每个样本赋予相同的惩罚参数值将会影响到分类超平面的拓扑结构，进而降低算法的泛化能力。在这一节中，在 SCTWSVM 的基础上，我们将对处于不同位置的样本赋予不同的惩罚系数，提出加权光滑 CHKS 孪生支持向量机 (weighted smooth CHKS twin support vector machines, WSCTWSVM) 学习算法。

对于线性情况，WSCTWSVM 的模型为

$$\begin{aligned}\min_{w^{(1)},b^{(1)},\xi^{(2)}} \varPhi_1(w^{(1)},b^{(1)},\varepsilon) =&\frac{1}{2}\left\|Aw^{(1)}+e_1b^{(1)}\right\|^2\\&+s_1\frac{c_1}{2}\left\|\phi_1(w^{(1)},b^{(1)},\varepsilon)\right\|_2^2\end{aligned}\tag{5-39}$$

$$\begin{aligned}\min_{w^{(2)},b^{(2)},\xi^{(1)}} \varPhi_2(w^{(2)},b^{(2)},\varepsilon) =&\frac{1}{2}\left\|Bw^{(2)}+e_2b^{(2)}\right\|^2\\&+s_2\frac{c_2}{2}\left\|\phi_2(w^{(2)},b^{(2)},\varepsilon)\right\|_2^2\end{aligned}\tag{5-40}$$

对于非线性情况，WSCTWSVM 的模型为

$$\begin{aligned}\min_{w^{(1)},b^{(1)},\xi^{(2)}} \varPhi_3(w^{(1)},b^{(1)},\varepsilon) =&\frac{1}{2}\left\|K(A,C^{\mathrm{T}})w^{(1)}+e_1b^{(1)}\right\|^2\\&+s_1\frac{c_1}{2}\left\|\phi_{11}(w^{(1)},b^{(1)},\varepsilon)\right\|_2^2\end{aligned}\tag{5-41}$$

$$\begin{aligned}\min_{w^{(2)},b^{(2)},\xi^{(1)}} \varPhi_4(w^{(2)},b^{(2)},\varepsilon) =&\frac{1}{2}\left\|K(B,C^{\mathrm{T}})w^{(2)}+e_2b^{(2)}\right\|^2\\&+s_2\frac{c_2}{2}\left\|\phi_{12}(w^{(2)},b^{(2)},\varepsilon)\right\|_2^2\end{aligned}\tag{5-42}$$

其中 $s_1,s_2\in(0,1]$ 分别表示正负类样本的加权系数值组成的向量。

2. 加权系数的设计

和 TWSVM 一样，在用 SCTWSVM 求解最优分类超平面时，离每类样本集中心较远的样本是少量的，这些样本点被称为异常点。分类超平面对这些样本点的分布是比较敏感的，若是降低这些样本对分类超平面的影响，则可以提高算法的泛化能力。

在本节中，计算每个样本点的权重值，采用的是基于样本点和其类中心的距离方法。离类中心近的样本点对最优分类超平面的贡献比较大，因此对此类样本的加权系数赋值为 1；对于离类中心较远的那部分样本点的加权系数赋值为足够小的正数，以降低这类样本对分类超平面拓扑结构的影响；中间的一部分样本根据距离的大小赋值为 0 至 1 之间的数。

正类的类中心定义为：$x_+ = \frac{\sum\limits_{y_i=1} x_i}{l_+}$，负类的类中心定义为：$x_- = \frac{\sum\limits_{y_i=-1} x_i}{l_-}$，$i = 1,2,\cdots,l$，其中，$l_+$ 和 l_- 分别表示正负样本点的样本总数。

计算正负类中样本点到其对应类中心的最远距离，并将其定义为正负类的半径。正负类半径分别定义为：$r_+ = \max\limits_{\{x_i:y=1\}} \|x_+ - x_i\|$，$r_- = \max\limits_{\{x_i:y=-1\}} \|x_- - x_i\|$。

根据每个样本到该类的距离可以定义每个样本的加权系数：

$$s_1 = \begin{cases} 1, & r = x_+, y_i = 1 \\ 10^{-3}, & r = r_+, y_i = 1 \\ 1 - \|x_+ - x_i\| / (r_+ + \delta), & \text{其余的} y_i = 1 \end{cases}$$

$$s_2 = \begin{cases} 1, & p = x_-, y_i = -1 \\ 10^{-3}, & p = r_-, y_i = -1 \\ 1 - \|x_- - x_i\| / (r_- + \delta) & \text{其余的} y_i = -1 \end{cases}$$

其中 $r = \|x_+ - x_i\|$，$p = \|x_- - x_i\|$，$\delta = 10^{-6}$。δ 的引入是为了避免加权系数为 0。

5.3.5　实验与分析

为了测试所提出算法的有效性，在本节中，我们将做两组实验。在第一个实验中，为了测试 SCTWSVM 的性能，我们将对 NDC 大数据集进行测试，并与 STWSVM 和 TWSVM 的测试结果进行比较。在第二个实验中，为了测试 WSCTWSVM 的性能，我们将对几个 UCI 数据集进行测试，测试结果将和 SCTWSVM、STWSVM 和 TWSVM 进行比较。所有实验都是在 PC 机 (2G 内存，320G 硬盘，CPU E4500) 和 MATLAB 的环境中进行。

1. NDC 大数据集上的实验

为了测试 SCTWSVM 的性能，下面我们对大数据集 NDC 进行实验，NDC 数据集是由 David Musicant's NDC 数据产生器[8] 产生的，表 5-5 描述了 NDC 数据集的内容。在非线性实验中，采用的核函数是高斯核函数。在这个实验中，SCTWSVM、STWSVM 和 TWSVM 参数的选取都是从 $\{2^{-8}, 2^7\}$ 这个范围内采用网格搜索算法进行选择。设定 Newton-Armijo 法结束时下降方向的模为 $\varepsilon_1 = 10^{-3}$，CHKS 函数的参数为 $\varepsilon = 10^{-5}$。表 5-6 是线性 SCTWSVM、STWSVM 和 TWSVM 处理几个 NDC 数据集的比较结果，表 5-7 显示的是非线性 SCTWSVM、STWSVM 和 TWSVM 对几个 NDC 数据集的测试结果。

表 5-5 NDC 数据集

数据集	训练集	测试集	维度
NDC-500	500	50	32
NDC-700	700	70	32
NDC-900	900	90	32
NDC-1k	1000	100	32
NDC-2k	2000	200	32
NDC-3k	3000	300	32
NDC-4k	4000	400	32
NDC-5k	5000	500	32
NDC-10k	10 000	1000	32
NDC-1l	100 000	10 000	32
NDC-3l	300 000	30 000	32
NDC-5l	500 000	50 000	32
NDC-1m	1 000 000	100 000	32
NDC1	5000	5000	100
NDC2	5000	5000	1000

表 5-5 显示的 NDC 数据包括了 15 种数据集，训练样本从 NDC-500 数据集的 500 个增加到了 NDC-5l 数据集的 1 000 000 个，测试样本也是一样，而它们的维度都是 32 维。为了进一步测试算法求解不同维数样本的性能，在表 5-5 中增加了两个数据集，分别是 NDC1 和 NDC2，它们样本的维数分别是 100 和 1000。

从表 5-6 中我们可以看出，当训练样本达到 100 000 时，采用 TWSVM 算法已经没有意义，训练时间太高，甚至出现死机现象。然而，SCTWSVM 和 STWSVM 在训练样本达到 500 000 时仍然可以在较短的时间内得到较满意的分类精度，这表明光滑孪生支持向量机在处理大数据时具有优势。NDC1 和 NDC2 是两个高维的大数据集，从表 5-6 的实验结果也可以看出，SCTWSVM 和 STWSVM 处理高维数据同样是有效的。并且，相对于 STWSVM，SCTWSVM 所需的迭代步数较少，可以在更短的时间内获得更优的分类精度，这说明 SCTWSVM 的学习性能优于 STWSVM 的学习性能。从表 5-7 中我们也可以看出，SCTWSVM 的分类精度略高于 STWSVM 的分类精度，并且已经相当接近于 TWSVM 的精度。对于少数数据集，SCTWSVM 的分类精度甚至高于 TWSVM 的分类精度，而 SCTWSVM 所用的 CPU 时间是最少的。实验结果充分说明了 SCTWSVM 的学习能力比 STWSVM 的强，特别适用于处理大数据集。

表 5-6　线性算法对NDC数据集的测试结果

算法	项目	NDC-5k	NDC-10k	NDC-1l	NDC-3l	NDC-5l	NDC1	NDC2
SCTWSVM	训练正确率/%	82.12	86.49	87.62	82.12	79.65	89.68	90.67
	测试正确率/%	80.27	83.29	86.89	78.56	78.08	86.31	86.95
	时间/s	0.734	1.178	0.996	2.899	5.131	1.152	30.364
	迭代步数	7	8	7	10	11	7	8
STWSVM	训练正确率/%	79.96	84.48	86.46	79.54	78.84	86.72	87.45
	测试正确率/%	79.20	82.24	86.25	78.76	77.12	84,52	83.36
	时间/s	0.761	1.239	1.014	3.103	5.350	1.574	33.585
	迭代步数	8	11	9	13	13	9	11
TWSVM	训练正确率/%	82.15	87.45	—	—	—	—	—
	测试正确率/%	79.25	85.35	—	—	—	—	—
	时间/s	114.272	1092.231	—	—	—	—	—
	*	*	*	*	*	*	*	*

注：* 表示无此项；— 表示训练时间过高，实验无法进行。

表 5-7　非线性算法对 NDC 数据集的测试结果

算法	项目	NDC-500	NDC-700	NDC-900	NDC-1k	NDC-2k	NDC-3k
SCTWSVM	训练正确率/%	100.00	99.28	99.67	98.85	100.00	100.00
	测试正确率/%	82.19	84.29	81.43	85.36	88.34	90.36
	时间/s	0.56241	1.3115	2.5016	3.5015	21.0907	66.2091
	e 迭代步数	6	8	9	11	7	8
STWSVM	训练正确率/%	100.00	99.25	99.46	98.44	100.00	100.00
	测试正确率/%	80.17	83.17	80.34	84.14	87.24	90.13
	时间/s	0.56852	1.3126	2.5324	3.5194	21.2501	66.6123
	迭代步数	7	9	11	13	9	11
TWSVM	训练正确率/%	99.25	99.27	99.56	98.89	99.69	99.57
	测试正确率/%	82.21	84.29	80.58	84.56	88.29	90.45
	时间/s	0.7853	1.7365	3.4672	4.1175	25.8909	85.4481
	*	*	*	*	*	*	*

注：* 表示无此项。

2. UCI 数据集上的实验

为了测试 WSCTWSVM 的性能，下面我们对几个 UCI 数据集进行实验。在这个实验中，非线性算法采用的核函数为高斯核函数，WSCTWSVM、SCTWSVM、STWSVM 和 TWSVM 的参数 c_1 和 c_2 以及核函数的参数 σ 都是采用网格划分方法进行确定，搜索范围为 $[2^{-7},2^{12}]$。Newton-Armijo 法结束时下降方向的模为 $\varepsilon_1=10^{-3}$，CHKS 函数的参数为 $\varepsilon=10^{-5}$。表 5-8 是线性 WSCTWSVM、SCTWSVM、STWSVM 和 TWSVM 处理 UCI 数据集时的测试正确率、时间以及几种算法之间在置信水平为 0.05 下的配对 t 检验的比较结果，表 5-9 显示的是非线性情况下四个算法对 UCI 数据集的测试结果。

表 5-8 线性算法对 UCI 数据集的测试结果

算法	项目	Hepatitis	Housing	Wdbc	Glass6	Votes	Pima	Spect
WSCTWSVM	测试正确率/%	78.35±4.31	86.25±2.39	97.10±6.32	97.52±4.56	97.50±1.23	77.95±2.31	83.85±8.36
	时间/s	0.212	3.521	9.845	0.327	1.282	16.51	1.124
SCTWSVM	测试正确率/%	78.23±2.15	84.96±3.87	96.89±4.31	96.70±6.05	95.96±4.24	75.52±3.37	82.50±9.85
	时间/s	0.206	3.378	8.525	0.307	1.115	15.97	0.985
	P	0.865	0.047	0.326	0.358	0.039	0.042	0.085
STWSVM	测试正确率/%	78.08±2.16	84.42±4.53	96.22±6.67	96.55±2.40	95.25±2.24	75.40±9.68	81.98±2.17
	时间/s	0.215	3.542	10.284	0.354	1.286	17.82	1.254
	P	0.474	0.038	0.129	0.295	0.034	0.036	0.052
TWSVM	测试正确率/%	78.23±2.74	84.89±2.86	96.81±2.54	96.21±2.72	95.63±2.74	75.48±4.67	81.98±2.17
	时间/s	0.798	10.122	25.642	0.9248	3.540	41.92	5.874
	P	0.887	0.044	0.285	0.185	0.035	0.039	0.052

表 5-9 非线性算法对 UCI 数据集的测试结果

算法	项目	Wpbc	Ionosphere	Heart-statlog	Hepatitis
WSCTWSVM	测试正确率/%	77.92±6.56	94.01±1.76	81.23±8.67	79.88±10.16
	时间/s	0.518	0.597	0.125	0.142
SCTWSVM	测试正确率/%	77.89±7.68	92.84±2.09	79.89±9.17	78.85±8.99
	时间/s	0.498	0.526	0.114	0.129
	P	0.874	0.048	0.051	0.147

续表

算法	项目	Wpbc	Ionosphere	Heart-statlog	Hepatitis
STWSVM	测试正确率/%	77.27±8.62	92.68±2.74	79.26±6.34	78.32±9.18
	时间/s	0.524	0.595	0.128	0.147
	P	0.652	0.042	0.045	0.098
TWSVM	测试正确率/%	77.81±6.35	92.72±6.78	79.35±12.56	78.54±10.17
	时间/s	0.862	1.181	0.478	0.352
	P	0.798	0.039	0.048	0.122

从表 5-8 和表 5-9 我们可以看出，在 0.05 的置信水平下，配对 t 检验计算出的 P 值表明：对于一部分数据集，其 $P<0.05$，表示该算法的分类精度和 WSCTWSVM 的分类精度有显著性差异。虽然 WSCTWSVM 所耗费的时间略多于 SCTWSVM，但少于 STWSVM。这结果表明，根据样本点的位置，为 SCTWSVM 的每一个样本赋予不同的重要性，可以降低异常样本对分类超平面拓扑结构的影响，进而可以提高算法的泛化能力。

5.4 本章小结

标准 TWSVM 模型可归结为求解一对二次规划问题，传统的求解方法是将二次规划问题转化为其对偶形式再进行求解。本章主要讨论在原始空间直接求解 TWSVM 模型的思想和方法。在 5.1 节中，我们简要介绍了光滑孪生支持向量机 (STWSVM) 的理论。5.2 节针对 STWSVM 中 Sigmoid 函数的积分函数对正号函数的逼近能力不强的问题，我们提出一类多项式函数作为光滑函数，提出了多项式光滑孪生支持向量机。在 5.3 节中针对 STWSVM 对异常点敏感的问题，引入 CHKS 函数作为光滑函数，提出了光滑 CHKS 孪生支持向量机模型。从理论上证明了这两种算法的收敛性和任意阶光滑的性能，从实验方面验证了两种算法的有效性和可行性。

参考文献

[1] Shao Y H, Wang Z, Chen W J, et al. A regularization for the projection twin support vector machines[J]. Knowledge-Based Systems, 2013, 37: 203-210.

[2] Khemchandani R, Jayadera, Chandra S. Optimal kernel selection in twin support vector machines [J]. Optimiyation Letters, 2009, 3(1): 77-88.

[3] Yu J Z, Ding S F, Jin F X, et al. Twin support vector machines based on rough sets [J]. International Journal of Digital Content Technology and its Applications, 2012, 6(20): 493-500.

[4] Ding S F, Yu J Z, Huang H J, et al. Twin support vector machines based on particle swarm optimization [J]. Journal of Computers, 2013, 8(9): 2296-2303.

[5] Ding S F, Wu F L, Nie R, et al. Twin support vector machines based on quantum particle swarm optimization [J]. Journal of Software, 2013, 8(7): 1743-1750.

[6] Peng X J. TPMSVM: A novel twin parametric-margin support vector machine for pattern recognition [J]. Pattern Recognition, 2011, 44: 2678-2692.

[7] 刘叶青. 原始空间中支持向量机若干问题的研究 [D]. 西安：西安电子科技大学, 2009.

[8] Kumar M A, Gopal M. Application of smoothing technique on twin support vector machines [J]. Pattern Recognition Letters, 2008, 29(13):1842-1848.

[9] Ding S F, Huang H J Xu X Z, et al. Polynomial smooth twin support vector machines [J]. Applied Mathematics & Information Science, 2014, 8(4):2063-2071.

[10] 袁亚湘，孙文瑜. 最优化理论与方法 [M]. 北京：科学出版社，1997.

[11] 袁玉波，严杰，徐成贤. 多项式光滑的支撑支持向量机 [J]. 计算机学报,2005,28(1):9-17.

[12] 任斌，程良伦. 多项式光滑的支持向量机回归机 [J]. 控制理论与应用, 2011,28(2): 261-265.

[13] 丁世飞，黄华娟，史忠植. 加权光滑 CHKS 孪生支持向量机 [J]. 软件学报，2013, 24(11): 2548-2557.

第6章　投影孪生支持向量机

本章在上述投影孪生支持向量机的基础上作进一步的研究，依次介绍了投影孪生支持向量机相关算法理论、基于矩阵模式的投影孪生支持向量机、递归最小二乘投影孪生支持向量机、光滑投影孪生支持向量机和基于鲁棒局部嵌入的孪生支持向量机。

6.1　概　　述

2009 年，Mangasarian 和 Wild 在 TPAMI 期刊上提出一种广义特征值中心支持向量机 (generalized eigenvalue proximal support vector machine，GEPSVM)[1]。相比于传统支持向量机 (support vector machine，SVM) 寻求单一的分类超平面，GEPSVM为每类样本集寻找一个最佳分类超平面。相关文献实验结果表明 GEPSVM 算法训练速度快于传统 SVM，而且 GEPSVM 能够在线性情况下很好地分类异或 (XOR) 数据集[1]。尽管 GEPSVM 存在自身的优势，但其整体泛化性能欠佳。2007 年，Jayadeva 等在 TPAMI 期刊上提出一种孪生支持向量机 (twin support vector machine，TWSVM)[2]。TWSVM 算法在思想上同 GEPSVM，但优化问题表示形式上不同于 GEPSVM。GEPSVM 是通过求解广义特征值问题获得解，而 TWSVM 与传统 SVM 类似，通过求解一对二次规划问题获得问题的解。相关文献实验结果表明 TWSVM 有着更好的泛化性能[2]。2011 年，Chen 等在 Pactern Recognition 期刊上提出一种投影孪生支持向量机 (projection TWSVM，PTWSVM)[3]。对于二分类问题，TWSVM 优化问题寻找的是一对非平行超平面，而 PTWSVM[3] 寻找的是一对投影轴。PTWSVM 算法思想在本质上不同于 TWSVM。相关文献实验表明 PTWSVM 在复杂的异或数据集上的分类性能优于 TWSVM[3]。2012 年，Shao 等在 PTWSVM 的基础上进一步提出最小二乘版算法 LSPTWSVM(least squares PTWSVM)[4]。LSPTWSVM 通过将 PTWSVM 优化问题中松弛变量由 1 范式改成 2 范式、不等式约束改成等式约束的方法提高算法的训练速度。2013 年，Shao 等针对 PTWSVM 没有解决非线性分类的问题，进一步提出相应的非线性分类算法，并且在优化问题中引入了正则化项来解决矩阵奇异性问题[5]。

6.2 投影孪生支持向量机算法理论

假设给定两类 n 维的 m 个训练样本点，分别用 $m_1 \times n$ 的矩阵 A 和 $m_2 \times n$ 的矩阵 B 表示第 1 类 (+1 类) 和第 2 类 (−1 类)，这里 m_1 和 m_2 分别是两类样本的数目，$m = m_1 + m_2$，$A = [x_1^{(1)}, \cdots, x_{m_1}^{(1)}]^{\mathrm{T}}$，$B = [x_1^{(2)}, \cdots, x_{m_2}^{(2)}]^{\mathrm{T}}$，$x_j^{(i)}$ 表示第 i 类的第 j 个样本。对于二分类问题，投影孪生支持向量机 (PTWSVM) 算法旨在为每类样本寻找一个最佳投影轴 $w_i (i = 1, 2)$，使得本类样本投影后尽可能聚集在中心点附近，而他类样本投影后尽可能分散。

6.2.1 线性 PTWSVM

在线性模式下，第 1 类样本相应优化问题为

$$\text{(PTWSVM-1)} \quad \begin{aligned} &\min \frac{1}{2} \sum_{i=1}^{m_1} \left(w_1^{\mathrm{T}} x_i^{(1)} - w_1^{\mathrm{T}} \frac{1}{m_1} \sum_{l=1}^{m_1} x_l^{(1)} \right)^2 + c_1 \sum_{j=1}^{m_2} \xi_j^{(2)} \\ &\text{s.t.} \ -\left(w_1^{\mathrm{T}} x_j^{(2)} - w_1^{\mathrm{T}} \frac{1}{m_1} \sum_{l=1}^{m_1} x_l^{(1)} \right) + \xi_j^{(2)} \geqslant 1, \quad \xi_j^{(2)} \geqslant 0 \end{aligned} \tag{6-1}$$

其中 c_1 是惩罚参数，$\xi_j^{(2)}$ 是损失变量。第 2 类样本相应优化问题为

$$\text{(PTWSVM-2)} \quad \begin{aligned} &\min \frac{1}{2} \sum_{j=1}^{m_2} \left(w_2^{\mathrm{T}} x_j^{(2)} - w_2^{\mathrm{T}} \frac{1}{m_2} \sum_{l=1}^{m_2} x_l^{(2)} \right)^2 + c_2 \sum_{i=1}^{m_1} \xi_i^{(1)} \\ &\text{s.t.} \ \left(w_2^{\mathrm{T}} x_i^{(1)} - w_2^{\mathrm{T}} \frac{1}{m_2} \sum_{l=1}^{m_2} x_l^{(2)} \right) + \xi_i^{(1)} \geqslant 1, \quad \xi_i^{(1)} \geqslant 0 \end{aligned} \tag{6-2}$$

其中 c_2 是惩罚参数，$\xi_i^{(1)}$ 是损失变量。

令

$$S_1 = \sum_{i=1}^{m_1} \left(x_i^{(1)} - \frac{1}{m_1} \sum_{l=1}^{m_1} x_l^{(1)} \right) \left(x_i^{(1)} - \frac{1}{m_1} \sum_{l=1}^{m_1} x_l^{(1)} \right)^{\mathrm{T}} \tag{6-3}$$

$$S_2 = \sum_{j=1}^{m_2} \left(x_j^{(2)} - \frac{1}{m_2} \sum_{l=1}^{m_2} x_l^{(2)} \right) \left(x_j^{(2)} - \frac{1}{m_2} \sum_{l=1}^{m_2} x_l^{(2)} \right)^{\mathrm{T}} \tag{6-4}$$

则 PTWSVM 的优化问题式 (6-1) 和式 (6-2) 分别用矩阵形式表示为

$$
\text{(PTWSVM-1)}\quad \begin{aligned}&\min \frac{1}{2}w_1^{\mathrm{T}}S_1w_1 + c_1e_2^{\mathrm{T}}\xi_2\\ &\text{s.t.}\ -\left(Bw_1 - \frac{1}{m_1}e_2e_1^{\mathrm{T}}Aw_1\right) + \xi_2 \geqslant e_2,\quad \xi_2 \geqslant 0\end{aligned} \tag{6-5}
$$

和

$$
\text{(PTWSVM-2)}\quad \begin{aligned}&\min \frac{1}{2}w_2^{\mathrm{T}}S_2w_2 + c_2e_1^{\mathrm{T}}\xi_1\\ &\text{s.t.}\ \left(Aw_2 - \frac{1}{m_2}e_1e_2^{\mathrm{T}}Bw_2\right) + \xi_1 \geqslant e_1,\quad \xi_1 \geqslant 0\end{aligned} \tag{6-6}
$$

其中 $\xi_1 = (\xi_1^{(1)}, \cdots, \xi_{m_1}^{(1)})$，$\xi_2 = (\xi_1^{(2)}, \cdots, \xi_{m_2}^{(2)})$。

优化问题式 (6-5) 对应的拉格朗日函数为

$$
\begin{aligned}L(w_1, \alpha, \beta, \xi_2) =& \frac{1}{2}w_1^{\mathrm{T}}S_1w_1 + c_1e_2^{\mathrm{T}}\xi_2\\ &- \alpha^{\mathrm{T}}\left(-\left(Bw_1 - \frac{1}{m_1}e_2e_1^{\mathrm{T}}Aw_1\right) + \xi_2 - e_2\right) - \beta^{\mathrm{T}}\xi_2\end{aligned} \tag{6-7}
$$

依据 Karush-Kuhn-Tucker(KKT)[6] 条件，将式 (6-7) 拉格朗日函数分别对 w_1，ξ_2 求偏导数并令其为零，可得

$$
S_1w_1 + \left(B - \frac{1}{m_1}e_2e_1^{\mathrm{T}}A\right)^{\mathrm{T}}\alpha = 0 \Rightarrow w_1 = -S_1^{-1}\left(B - \frac{1}{m_1}e_2e_1^{\mathrm{T}}A\right)^{\mathrm{T}}\alpha \tag{6-8}
$$

$$
c_1e_2 - \alpha - \beta = 0,\ \alpha \geqslant 0,\ \beta \geqslant 0 \tag{6-9}
$$

由式 (6-9) 可推知

$$
0 \leqslant \alpha \leqslant c_1e_2 \tag{6-10}
$$

将式 (6-8)、式 (6-9) 代入式 (6-7) 可得原优化问题的对偶问题：

$$
\text{(DPTWSVM-1)}\quad \begin{aligned}&\min \frac{1}{2}\alpha^{\mathrm{T}}\left(B - \frac{1}{m_1}e_2e_1^{\mathrm{T}}A\right)S_1^{-1}\left(B - \frac{1}{m_1}e_2e_1^{\mathrm{T}}A\right)^{\mathrm{T}}\alpha - e_2^{\mathrm{T}}\alpha\\ &\text{s.t.}\ 0 \leqslant \alpha \leqslant c_1e_2\end{aligned} \tag{6-11}
$$

通过求解对偶问题式 (6-11) 可求得最优解 α，由式 (6-8) 进一步求得 w_1。

同理可得原优化问题式 (6-6) 的对偶问题：

$$
\text{(DPTWSVM-2)}\quad \begin{aligned}&\min \frac{1}{2}\gamma^{\mathrm{T}}\left(A - \frac{1}{m_2}e_1e_2^{\mathrm{T}}B\right)S_2^{-1}\left(A - \frac{1}{m_2}e_1e_2^{\mathrm{T}}B\right)^{\mathrm{T}}\gamma - e_1^{\mathrm{T}}\gamma\\ &\text{s.t.}\ 0 \leqslant \gamma \leqslant c_2e_1\end{aligned} \tag{6-12}
$$

及投影轴

$$w_2 = S_2^{-1}\left(A - \frac{1}{m_2}e_1 e_2^{\mathrm{T}} B\right)^{\mathrm{T}} \gamma \tag{6-13}$$

对于未知样本 x，决策函数为

$$\mathrm{label}(x) = \arg\min_{i=1,2}\{d_i\} = \begin{cases} d_1 \Rightarrow x \in \text{第 1 类} \\ d_2 \Rightarrow x \in \text{第 2 类} \end{cases}$$

$$d_i = \left| w_i^{\mathrm{T}} x - \frac{1}{m_i}\sum_{l=1}^{m_i} w_i^{\mathrm{T}} x_l^{(i)} \right| \tag{6-14}$$

6.2.2 非线性 PTWSVM

非线性模式下，PTWSVM 算法优化目标也是在高维特征空间中而非原空间中寻找两个投影轴。

特征空间中，第 1 类样本相应的优化问题为

$$\text{(KPTWSVM-1)} \quad \begin{aligned} &\min\ \frac{1}{2}u_1^{\mathrm{T}} S_1^{\phi} u_1 + c_1 e_2^{\mathrm{T}} \eta_2 \\ &\text{s.t.}\ -\left(K(B, C^{\mathrm{T}})u_1 - \frac{1}{m_1}e_2 e_1^{\mathrm{T}} K(A, C^{\mathrm{T}})u_1\right) + \eta_2 \geqslant e_2, \eta_2 \geqslant 0 \end{aligned} \tag{6-15}$$

第 2 类样本相应的优化问题为

$$\text{(KPTWSVM-2)} \quad \begin{aligned} &\min\ \frac{1}{2}u_2^{\mathrm{T}} S_2^{\phi} u_2 + c_2 e_1^{\mathrm{T}} \eta_1 \\ &\text{s.t.}\ \left(K(A, C^{\mathrm{T}})u_2 - \frac{1}{m_2}e_1 e_2^{\mathrm{T}} K(B, C^{\mathrm{T}})u_2\right) + \eta_1 \geqslant e_1, \eta_1 \geqslant 0 \end{aligned} \tag{6-16}$$

其中

$$\begin{aligned} S_1^{\phi} = \sum_{i=1}^{m_1} &\left(K((x_i^{(1)})^{\mathrm{T}}, C^{\mathrm{T}}) - \frac{1}{m_1}\sum_{l=1}^{m_1} K((x_l^{(1)})^{\mathrm{T}}, C^{\mathrm{T}})\right) \\ &\times \left(K((x_i^{(1)})^{\mathrm{T}}, C^{\mathrm{T}}) - \frac{1}{m_1}\sum_{l=1}^{m_1} K((x_l^{(1)})^{\mathrm{T}}, C^{\mathrm{T}})\right)^{\mathrm{T}} \end{aligned} \tag{6-17}$$

$$S_2^{\phi} = \sum_{j=1}^{m_2}\left(K((x_j^{(2)})^{\mathrm{T}}, C^{\mathrm{T}}) - \frac{1}{m_2}\sum_{l=1}^{m_2} K((x_l^{(2)})^{\mathrm{T}}, C^{\mathrm{T}})\right)$$

$$\times\left(K((x_j^{(2)})^{\mathrm{T}},C^{\mathrm{T}})-\frac{1}{m_2}\sum_{l=1}^{m_2}K((x_l^{(2)})^{\mathrm{T}},C^{\mathrm{T}})\right)^{\mathrm{T}} \tag{6-18}$$

其中 K 为特定的核函数，$C^{\mathrm{T}}=[A^{\mathrm{T}},B^{\mathrm{T}}]$。

类似于线性 PTWSVM 求解过程可以分别求得两类样本在特征空间中的投影矢量 $u_i(i=1,2)$。对于未知样本 x，非线性模式下决策函数为

$$\mathrm{label}(x)=\arg\min_{i=1,2}\{d_i\}=\begin{cases}d_1\Rightarrow x\in \text{ 第 1 类}\\ d_2\Rightarrow x\in \text{ 第 2 类}\end{cases}$$

$$d_i=\left|K(x^{\mathrm{T}},C^{\mathrm{T}})u_i-\frac{1}{m_i}\sum_{l=1}^{m_i}K((x_l^{(i)})^{\mathrm{T}},C^{\mathrm{T}})u_i\right| \tag{6-19}$$

6.3 基于矩阵模式的投影孪生支持向量机

分析发现，PTWSVM 在理论上并没有很好地解决类内散度矩阵奇异性问题，特别是在处理具有高维特征的小样本数据集时表现的适应性不强。文献 [7]~[11] 提出并使用矩阵模式来表示训练样本而不是按照传统的矢量方式来表示。特别是文献 [8], [11] 通过引入矩阵模式很好地解决了类内散度矩阵奇异性问题，并提高了分类效果。因此，这里将矩阵模式的类内散度矩阵引入 PTWSVM 中，并形成矩阵模式的约束条件，提出基于矩阵模式的投影孪生支持向量机 ($\mathrm{PTWSVM}^{\mathrm{mat}}$)。

6.3.1 线性矩阵模式的投影孪生支持向量机：$\mathbf{PTWSVM}^{\mathbf{mat}}$

定义 6.1[9] 假设有 m 个样本组成的样本集 $D=\left\{A_j^{(i)}|i=1,2;j=1,2,\cdots,m_i\right\}$，其中 $A_j^{(i)}\in R^{d_1\times d_2}$ 表示属于类别 i 的第 j 个样本，m_i 表示 i 类的样本数且 $m_1+m_2=m$。则有如下矩阵模式类内散度矩阵定义：

$$S_1^{\mathrm{mat}}=\sum_{i=1}^{m_1}\left(A_i^{(1)}-\frac{1}{m_1}\sum_{j=1}^{m_1}A_j^{(1)}\right)\left(A_i^{(1)}-\frac{1}{m_1}\sum_{j=1}^{m_1}A_j^{(1)}\right)^{\mathrm{T}} \tag{6-20}$$

$$S_2^{\mathrm{mat}}=\sum_{i=1}^{m_2}\left(A_i^{(2)}-\frac{1}{m_2}\sum_{j=1}^{m_2}A_j^{(2)}\right)\left(A_i^{(2)}-\frac{1}{m_2}\sum_{j=1}^{m_2}A_j^{(2)}\right)^{\mathrm{T}} \tag{6-21}$$

显然，对于同样的模式 A，$\mathrm{PTWSVM}^{\mathrm{mat}}$ 存储类内散度矩阵所需要的空间是 $d_1\times d_1$，而原方法 PTWSVM 需要的空间是 $d_1^2\times d_2^2$。两者比值是 $1/d_2^2$，所以 $\mathrm{PTWSVM}^{\mathrm{mat}}$ 很大程度上减少了存储类内散度矩阵的空间复杂度。

引理 6.1[8] 若在 PTWSVM^{mat} 方法中选取的训练样本集为 $D=\left\{A_j^{(i)}|i=1,2;j=1,2,\cdots,m_i\right\}$，$A_j^{(i)}\in R^{d_1\times d_2}$，则当 $\min(m_1,m_2)\geqslant 1+d_2/\min(d_1,d_2)$成立时，定义 6.1 中的矩阵模式的类内散度矩阵 S_1^{mat} 及 S_2^{mat} 非奇异。

引理 6.1 从理论上给出了散度矩阵 S_1^{mat} 及 S_2^{mat} 可逆的条件。

为了构造矩阵模式的分类函数，本书采用类似文献 [7],[8] 的方法来定义：

$$\text{label}(A)=\underset{i=1,2}{\arg\min}\{d_i\}=\underset{i=1,2}{\arg\min}\left|\mu_i^{\mathrm{T}}Av_i-\mu_i^{\mathrm{T}}\frac{1}{m_i}\sum_{j=1}^{m_i}A_j^{(i)}v_i\right| \tag{6-22}$$

其中 $A\in R^{d_1\times d_2}$，$\mu_i=(\mu_1^{(i)},\cdots,\mu_{d_1}^{(i)})^{\mathrm{T}}\in R^{d_1}$，$v_i=(v_1^{(i)},\cdots,v_{d_2}^{(i)})^{\mathrm{T}}\in R^{d_2}$。

定义 6.2 设训练样本集 $\text{matTS}=\left\{(A_j^{(i)},y_j)|i=1,2;j=1,2,\cdots,m_i\right\}\subset R^{d_1\times d_2}\times\{-1,1\}$，则 PTWSVM^{mat} 可表示为以下一对原始优化问题：

$$(\text{PTWSVM1}^{\text{mat}})\quad \begin{aligned}&\min_{\mu_1,v_1,\xi^{(1)}}\ \frac{1}{2}\mu_1^{\mathrm{T}}S_1^{\text{mat}}\mu 1+c_1\sum_{i=1}^{m_2}\xi_i^{(1)}\\&\text{s.t. }\mu_1^{\mathrm{T}}A_i^{(2)}v_1-\mu_1^{\mathrm{T}}\frac{1}{m_1}\sum_{j=1}^{m_1}A_j^{(1)}v_1+\xi_i^{(1)}\geqslant 1\\&\xi_i^{(1)}\geqslant 0,\ i=1,2,\cdots,m_2\end{aligned} \tag{6-23}$$

$$(\text{PTWSVM2}^{\text{mat}})\quad \begin{aligned}&\min_{\mu_2,v_2,\xi^{(2)}}\ \frac{1}{2}\mu_2^{\mathrm{T}}S_2^{\text{mat}}\mu_2+c_2\sum_{i=1}^{m_1}\xi_i^{(2)}\\&\text{s.t. }-\left(\mu_2^{\mathrm{T}}A_i^{(1)}v_2-\mu_2^{\mathrm{T}}\frac{1}{m_2}\sum_{j=1}^{m_2}A_j^{(2)}v_2\right)+\xi_i^{(2)}\geqslant 1\\&\xi_i^{(2)}\geqslant 0,\ i=1,2,\cdots,m_1\end{aligned} \tag{6-24}$$

其中 $\xi_i^{(1)}\geqslant 0$ 和 $\xi_i^{(2)}\geqslant 0$ 为松弛因子；$c_1>0$ 和 $c_2>0$ 为错分惩罚参数。

定理 6.1 PTWSVM^{mat} 原始优化问题式 (6-23)、式 (6-24) 对应的对偶问题分别为

$$(\text{DPTWSVM1}^{\text{matrix}})\quad \begin{aligned}&\min_{\alpha}\ \frac{1}{2}\alpha^{\mathrm{T}}H^{\text{mat}}\alpha-e_2^{\mathrm{T}}\alpha\\&\text{s.t. }0\leqslant\alpha\leqslant c_1e_2\end{aligned} \tag{6-25}$$

$$(\text{DPTWSVM2}^{\text{marix}})\quad \begin{aligned}&\min_{\gamma}\ \frac{1}{2}\gamma^{\mathrm{T}}G^{\text{mat}}\gamma-e_1^{\mathrm{T}}\gamma\\&\text{s.t. }0\leqslant\gamma\leqslant c_2e_1\end{aligned} \tag{6-26}$$

其中：

$$H^{\mathrm{mat}} = (h_{ij}^{\mathrm{mat}})_{m_2 \times m_2}$$

$$h_{ij}^{\mathrm{mat}} = \left(\left(A_i^{(2)} - \frac{1}{m_1}\sum_{k=1}^{m_1} A_k^{(1)}\right) \upsilon_1\right)^{\mathrm{T}} S_1^{\mathrm{mat}^{-1}} \left(\left(A_j^{(2)} - \frac{1}{m_1}\sum_{k=1}^{m_1} A_k^{(1)}\right) \upsilon_1\right)$$

$$e_2 = (1, \cdots, 1)^{\mathrm{T}} \in R^{m_2}$$

$$G^{\mathrm{mat}} = (g_{ij}^{\mathrm{mat}})_{m_1 \times m_1}$$

$$g_{ij}^{\mathrm{mat}} = \left(\left(A_i^{(1)} - \frac{1}{m_2}\sum_{k=1}^{m_2} A_k^{(2)}\right) \upsilon_2\right)^{\mathrm{T}} S_2^{\mathrm{mat}^{-1}} \left(\left(A_j^{(1)} - \frac{1}{m_2}\sum_{k=1}^{m_2} A_k^{(2)}\right) \upsilon_2\right)$$

$$e_1 = (1, \cdots, 1)^{\mathrm{T}} \in R^{m_1}$$

证明　PTWSVM^{mat} 原始优化问题式 (6-23) 对应的拉格朗日函数为

$$\begin{aligned}(\mu_1, \alpha, \beta, \xi^{(1)}) =& \frac{1}{2}\mu_1^{\mathrm{T}} S_1^{\mathrm{mat}} \mu_1 + c_1 \sum_{i=1}^{m_2} \xi_i^{(1)} - \sum_{i=1}^{m_2} \alpha_i \Bigg(\mu_1^{\mathrm{T}} \Bigg(A_i^{(2)} \\ & - \frac{1}{m_1}\sum_{j=1}^{m_1} A_j^{(1)}\Bigg) \upsilon_1 - 1 + \xi_i^{(1)}\Bigg) - \sum_{i=1}^{m_2} \beta_i \xi_i^{(1)}\end{aligned} \tag{6-27}$$

其中 $\alpha = (\alpha_1, \cdots, \alpha_{m_2})^{\mathrm{T}}$，$\beta = (\beta_1, \cdots, \beta_{m_2})^{\mathrm{T}}$ 是拉格朗日系数，根据 KKT 条件：

$$\frac{\partial L}{\partial \mu_1} = 0 \Rightarrow \mu_1 = S_1^{\mathrm{mat}^{-1}} \sum_{i=1}^{m_2} \alpha_i \left(A_i^{(2)} - \frac{1}{m_1}\sum_{j=1}^{m_1} A_j^{(1)}\right) \upsilon_1 \tag{6-28}$$

$$\frac{\partial L}{\partial \xi_i^{(1)}} = 0 \Rightarrow \beta_i = c_1 - \alpha_i \tag{6-29}$$

$$\alpha_i \geqslant 0,\ \beta_i \geqslant 0,\ i = 1, \cdots, m_2 \tag{6-30}$$

将式 (6-28)、式 (6-29)、式 (6-30) 代入式 (6-27)，得定理 6.1 中对偶问题式 (6-25) 成立。

PTWSVM^{mat} 原始优化问题式 (6-24) 对应的拉格朗日函数为

$$\begin{aligned}L(\mu_2, \gamma, \lambda, \xi^{(2)}) =& \frac{1}{2}\mu_2^{\mathrm{T}} S_2^{\mathrm{mat}} \mu_2 + c_2 \sum_{i=1}^{m_1} \xi_i^{(2)} - \sum_{i=1}^{m_1} \gamma_i \Bigg(- \mu_2^{\mathrm{T}} (A_i^{(1)} \\ & - \frac{1}{m_2}\sum_{j=1}^{m_2} A_j^{(2)}) \upsilon_2 - 1 + \xi_i^{(2)}\Bigg) - \sum_{i=1}^{m_1} \lambda_i \xi_i^{(2)}\end{aligned} \tag{6-31}$$

其中 $\gamma=(\gamma_1,\cdots,\gamma_{m_1})^{\mathrm{T}}$，$\lambda=(\lambda_1,\cdots,\lambda_{m_1})^{\mathrm{T}}$ 是拉格朗日系数，根据 KKT 条件：

$$\frac{\partial L}{\partial \mu_2}=0\Rightarrow \mu_2=-S_2^{\mathrm{mat}^{-1}}\sum_{i=1}^{m_1}\gamma_i\left(A_i^{(1)}-\frac{1}{m_2}\sum_{j=1}^{m_2}A_j^{(2)}\right)\upsilon_2 \tag{6-32}$$

$$\frac{\partial L}{\partial \xi_i^{(2)}}=0\Rightarrow \lambda_i=c_2-\gamma_i \tag{6-33}$$

$$\gamma_i\geqslant 0,\ \lambda_i\geqslant 0,\ i=1,\cdots,m_1 \tag{6-34}$$

将式 (6-32)、式 (6-33)、式 (6-34) 结果代入式 (6-31)，得定理 6.1 中对偶问题式 (6-26) 成立。

故定理 6.1 成立。

为了保证原始优化问题式 (6-23)、式 (6-24) 最小化，根据优化理论，梯度下降迭代法具有收敛到局部最优解的特性 [6,12]，因此在本书的 PTWSVM^{mat} 方法中采用和文献 [10] 类似的方法得到关于矢量 υ_1、υ_2 的迭代公式：

$$\upsilon_1^{(k+1)}=\upsilon_1^{(k)}-\eta_1\frac{\partial L(\mu_1,\alpha,\beta,\xi^{(1)})}{\partial \upsilon_1}=\upsilon_1^{(k)}+\eta_1\sum_{i=1}^{m_2}\alpha_i\left(A_i^{(2)}-\frac{1}{m_1}\sum_{j=1}^{m_1}A_j^{(1)}\right)^{\mathrm{T}}\mu_1^{(k)} \tag{6-35}$$

$$\upsilon_2^{(k+1)}=\upsilon_2^{(k)}-\eta_2\frac{\partial L(\mu_2,\gamma,\lambda,\xi^{(2)})}{\partial \upsilon_2}=\upsilon_2^{(k)}-\eta_2\sum_{i=1}^{m_1}\gamma_i\left(A_i^{(1)}-\frac{1}{m_2}\sum_{j=1}^{m_2}A_j^{(2)}\right)^{\mathrm{T}}\mu_2^{(k)} \tag{6-36}$$

其中 $\eta_1>0$、$\eta_2>0$ 是学习效率；k 是迭代次数。

当矢量 υ_1 经过有限次迭代收敛到 υ_1^* 后，将 υ_1^* 代入式 (6-35) 得到 μ_1 的当前值 μ_1^*，则 μ_1^* 就是在固定矢量 υ_1^* 前提下得到的凸优化问题的局部最优解 [11]。按同样的方法可由 υ_2 得到 υ_2^*，再代入式 (6-36) 得到 μ_2^*。

由此，可以得到 PTWSVM^{mat} 算法：

PTWSVM1^{mat} 算法

步骤 1 初始化矢量 υ_1，惩罚参数 c_1，学习率 η_1，最大迭代次数 $\max\mathrm{Iter}_1$，误差 ε_1，$k=1$；

步骤 2 将矢量表示的样本根据文献 [9] 的方法转换成矩阵模式，并计算 $S_1^{\mathrm{mat}^{-1}}$；如果训练样本使用矩阵模式表示，直接计算 $S_1^{\mathrm{mat}^{-1}}$；

步骤 3 使用二次规划方法求解对偶问题式 (6-25)；

步骤 4 使用式 (6-28) 计算 $\mu_1^{(k)}=S_1^{\mathrm{mat}^{-1}}\sum_{i=1}^{m_2}\alpha_i\left(A_i^{(2)}-\frac{1}{m_1}\sum_{j=1}^{m_1}A_j^{(1)}\right)\upsilon_1^{(k)}$；

步骤 5　使用式 (6-35) 计算 $\upsilon_1^{(k+1)}=\upsilon_1^{(k)}+\eta_1\sum_{i=1}^{m_2}\alpha_i\left(A_i^{(2)}-\frac{1}{m_1}\sum_{j=1}^{m_1}A_j^{(1)}\right)^{\mathrm{T}}\mu_1^{(k)}$；

步骤 6　如果 $\left\|\upsilon_1^{(k+1)}-\upsilon_1^{(k)}\right\|>\varepsilon_1$并且$k\leqslant\max\mathrm{Iter}_1$，则令 $k=k+1$，并转到步骤 3；否则输出 υ_1^*、μ_1^*。

PTWSVM2^{mat} 算法

步骤 1　初始化矢量 υ_2，惩罚参数 c_2，学习率 η_2，最大迭代次数 $\max\mathrm{Iter}_2$，误差 ε_2，$k=1$；

步骤 2　将矢量表示的样本根据文献 [9] 的方法转换成矩阵模式，并计算 $S_2^{\mathrm{mat}^{-1}}$；如果训练样本使用矩阵模式表示，直接计算 $S_2^{\mathrm{mat}^{-1}}$；

步骤 3　使用二次规划方法求解对偶问题式 (6-26)；

步骤 4　使用式 (6-32) 计算 $\mu_2^{(k)}=-S_2^{\mathrm{mat}^{-1}}\sum_{i=1}^{m_1}\gamma_i\left(A_i^{(1)}-\frac{1}{m_2}\sum_{j=1}^{m_2}A_j^{(2)}\right)\upsilon_2^{(k)}$；

步骤 5　使用式 (6-36) 计算 $\upsilon_2^{(k+1)}=\upsilon_2^{(k)}-\eta_2\sum_{i=1}^{m_1}\gamma_i\left(A_i^{(1)}-\frac{1}{m_2}\sum_{j=1}^{m_2}A_j^{(2)}\right)^{\mathrm{T}}\mu_2^{(k)}$；

步骤 6　如果 $\left\|\upsilon_2^{(k+1)}-\upsilon_2^{(k)}\right\|>\varepsilon_2$并且$k\leqslant\max\mathrm{Iter}_2$，则令 $k=k+1$，并转到步骤 3；否则输出 υ_2^*、μ_2^*。

实际应用中算法 PTWSVM1^{mat} 和 PTWSVM2^{mat} 可并行处理。

根据上述算法所得结果可以使用式 (6-22) 对任意矩阵模式的测试样本 A 进行分类：

$$\begin{aligned}\mathrm{label}(A)&=\underset{i=1,2}{\arg\min}\{d_i\}=\underset{i=1,2}{\arg\min}\left|\mu_i^{*\mathrm{T}}A\upsilon_i^*-\mu_i^{*\mathrm{T}}\frac{1}{m_i}\sum_{j=1}^{m_i}A_j^{(i)}\upsilon_i^*\right|\\&=\begin{cases}d_1\Rightarrow & A\in\text{第 1 类}\\ d_2\Rightarrow & A\in\text{第 2 类}\end{cases}\end{aligned}\tag{6-37}$$

显然，对于同样的模式 A，PTWSVM^{mat} 存储权重矢量所需的存储空间是 d_1+d_2，而原方法 PTWSVM 所需的空间是 $d_1\times d_2$。两者比值是 $(d_1+d_2)/(d_1\times d_2)$，所以当模式样本的维度越高，PTWSVM^{mat} 存储权重矢量所需的相对存储空间越少。

6.3.2　非线性的 PTWSVM^{mat} 方法：Ker-PTWSVM^{mat}

由于 $S_1^{\mathrm{mat}^{-1}}$、$S_2^{\mathrm{mat}^{-1}}$ 都是实正定矩阵，则可以将 PTWSVM^{mat} 算法中的二

次式 $\left(\left(A_i^{(2)}-\frac{1}{m_1}\sum_{k=1}^{m_1}A_k^{(1)}\right)v_1\right)^{\mathrm{T}} S_1^{\mathrm{mat}^{-1}}\left(\left(A_j^{(2)}-\frac{1}{m_1}\sum_{k=1}^{m_1}A_k^{(1)}\right)v_1\right)$ 和 $\left(\left(A_i^{(1)}-\frac{1}{m_2}\sum_{k=1}^{m_2}A_k^{(2)}\right)v_2\right)^{\mathrm{T}} S_2^{\mathrm{mat}^{-1}}\left(\left(A_j^{(1)}-\frac{1}{m_2}\sum_{k=1}^{m_2}A_k^{(2)}\right)v_2\right)$ 分别定义成内积的形式：$\left(S_1^{\mathrm{mat}^{-1/2}}\left(A_i^{(2)}-\frac{1}{m_1}\sum_{k=1}^{m_1}A_k^{(1)}\right)v_1\right)^{\mathrm{T}}\left(S_1^{\mathrm{mat}^{-1/2}}\left(A_j^{(2)}-\frac{1}{m_1}\sum_{k=1}^{m_1}A_k^{(1)}\right)v_1\right)$、$\left(S_2^{\mathrm{mat}^{-1/2}}\cdot\left(A_i^{(1)}-\frac{1}{m_2}\sum_{k=1}^{m_2}A_k^{(2)}\right)v_2\right)^{\mathrm{T}}\left(S_2^{\mathrm{mat}^{-1/2}}\left(A_j^{(1)}-\frac{1}{m_2}\sum_{k=1}^{m_2}A_k^{(2)}\right)v_2\right)$，由此，可以寻找一非线性函数 ϕ，将矢量 $S_1^{\mathrm{mat}^{-1/2}}\left(A_i^{(2)}-\frac{1}{m_1}\sum_{k=1}^{m_1}A_k^{(1)}\right)v_1$、$S_2^{\mathrm{mat}^{-1/2}}\left(A_i^{(1)}-\frac{1}{m_2}\sum_{k=1}^{m_2}A_k^{(2)}\right)v_2$ 分别映射到高维特征空间：

$$\phi: S_1^{\mathrm{mat}^{-1/2}}\left(A_i^{(2)}-\frac{1}{m_1}\sum_{k=1}^{m_1}A_k^{(1)}\right)v_1 \to \phi\left(S_1^{\mathrm{mat}^{-1/2}}(A_i^{(2)}-\frac{1}{m_1}\sum_{k=1}^{m_1}A_k^{(1)})v_1\right) \tag{6-38}$$

$$\phi: S_2^{\mathrm{mat}^{-1/2}}\left(A_i^{(1)}-\frac{1}{m_2}\sum_{k=1}^{m_2}A_k^{(2)}\right)v_2 \to \phi\left(S_2^{\mathrm{mat}^{-1/2}}\left(A_i^{(1)}-\frac{1}{m_2}\sum_{k=1}^{m_2}A_k^{(2)}\right)v_2\right) \tag{6-39}$$

$$\begin{aligned}&\left(\phi\left(S_1^{\mathrm{mat}^{-1/2}}\left(A_i^{(2)}-\frac{1}{m_1}\sum_{k=1}^{m_1}A_k^{(1)}\right)v_1\right),\phi\left(S_1^{\mathrm{mat}^{-1/2}}\left(A_j^{(2)}-\frac{1}{m_1}\sum_{k=1}^{m_1}A_k^{(1)}\right)v_1\right)\right)\\ =&K\left(S_1^{\mathrm{mat}^{-1/2}}\left(A_i^{(2)}-\frac{1}{m_1}\sum_{k=1}^{m_1}A_k^{(1)}\right)v_1, S_1^{\mathrm{mat}^{-1/2}}\left(A_j^{(2)}-\frac{1}{m_1}\sum_{k=1}^{m_1}A_k^{(1)}\right)v_1\right)\end{aligned} \tag{6-40}$$

$$\begin{aligned}&\left(\phi\left(S_2^{\mathrm{mat}^{-1/2}}\left(A_i^{(1)}-\frac{1}{m_2}\sum_{k=1}^{m_2}A_k^{(2)}\right)v_2\right),\phi\left(S_2^{\mathrm{mat}^{-1/2}}\left(A_j^{(1)}-\frac{1}{m_2}\sum_{k=1}^{m_2}A_k^{(2)}\right)v_2\right)\right)\\ =&K\left(S_2^{\mathrm{mat}^{-1/2}}\left(A_i^{(1)}-\frac{1}{m_2}\sum_{k=1}^{m_2}A_k^{(2)}\right)v_2, S_2^{\mathrm{mat}^{-1/2}}\left(A_j^{(1)}-\frac{1}{m_2}\sum_{k=1}^{m_2}A_k^{(2)}\right)v_2\right)\end{aligned} \tag{6-41}$$

其中 $K(,)$ 一般是 Mercer 核函数。根据式 (6-40)、式 (6-41) 可以分别得到 Ker-

$\text{PTWSVM}^{\text{mat}}$ 方法的对偶问题和分类函数。$\text{Ker-PTWSVM}^{\text{mat}}$ 方法的对偶问题:

$$(\text{Ker-PTWSVM1}^{\text{mat}})\quad \begin{aligned} &\min_{\alpha}\ \frac{1}{2}\alpha^{\mathrm{T}}H_{\text{Ker}}^{\text{mat}}\alpha-e_2^{\mathrm{T}}\alpha \\ &\text{s.t. } 0\leqslant\alpha\leqslant c_1e_2 \end{aligned} \tag{6-42}$$

$$(\text{Ker-PTWSVM2}^{\text{mat}})\quad \begin{aligned} &\min_{\gamma}\ \frac{1}{2}\gamma^{\mathrm{T}}G_{\text{Ker}}^{\text{mat}}\gamma-e_1^{\mathrm{T}}\gamma \\ &\text{s.t. } 0\leqslant\gamma\leqslant c_2e_1 \end{aligned} \tag{6-43}$$

其中:

$$H_{\text{Ker}}^{\text{mat}}=(h_{ij\_\text{Ker}}^{\text{mat}})_{m_2\times m_2}$$

$$h_{ij\_\text{Ker}}^{\text{mat}}=K\left(S_1^{\text{mat}^{-1/2}}\left(A_i^{(2)}-\frac{1}{m_1}\sum_{k=1}^{m_1}A_k^{(1)}\right)v_1^*,S_1^{\text{mat}^{-1/2}}\left(A_j^{(2)}-\frac{1}{m_1}\sum_{k=1}^{m_1}A_k^{(1)}\right)v_1^*\right)$$

$$e_2=(1,\cdots,1)^{\mathrm{T}}\in R^{m_2}$$

$$G_{\text{Ker}}^{\text{mat}}=(g_{ij\_\text{Ker}}^{\text{mat}})_{m_1\times m_1}$$

$$g_{ij\_\text{Ker}}^{\text{mat}}=K\left(S_2^{\text{mat}^{-1/2}}\left(A_i^{(1)}-\frac{1}{m_2}\sum_{k=1}^{m_2}A_k^{(2)}\right)v_2^*,S_2^{\text{mat}^{-1/2}}\left(A_j^{(1)}-\frac{1}{m_2}\sum_{k=1}^{m_2}A_k^{(2)}\right)v_2^*\right)$$

$$e_1=(1,\cdots,1)^{\mathrm{T}}\in R^{m_1}$$

$\text{Ker-PTWSVM}^{\text{mat}}$ 方法的分类函数:

$$\text{label}(A)=\underset{i=1,2}{\arg\min}\,\{d_i\}=\begin{cases} d_1\Rightarrow & A\in\text{第 1 类}\\ d_2\Rightarrow & A\in\text{第 2 类}\end{cases}$$

$$\begin{aligned} d_1&=\left|\sum_{i=1}^{m_2}\alpha_iK\left(S_1^{\text{mat}^{-1/2}}\left(A_i^{(2)}-\frac{1}{m_1}\sum_{k=1}^{m_1}A_k^{(1)}\right)v_1^*,S_1^{\text{mat}^{-1/2}}\left(A-\frac{1}{m_1}\sum_{k=1}^{m_1}A_k^{(1)}\right)v_1^*\right)\right|\\ d_2&=\left|\sum_{i=1}^{m_1}\gamma_iK\left(S_2^{\text{mat}^{-1/2}}\left(A_i^{(1)}-\frac{1}{m_2}\sum_{k=1}^{m_2}A_k^{(2)}\right)v_2^*,S_2^{\text{mat}^{-1/2}}\left(A-\frac{1}{m_2}\sum_{k=1}^{m_2}A_k^{(2)}\right)v_2^*\right)\right| \end{aligned} \tag{6-44}$$

需要说明的是，对于常用核函数，在构造这些核函数时并不需要单独计算分量 $S_i^{\text{mat}^{-1/2}}Av_i^*(i=1,2)$，表 6-1 提供了几种常用核函数在 $\text{Ker-PTSVM}^{\text{mat}}$ 方法中的中实际使用形式 (这里以 $\text{Ker-PTWSVM1}^{\text{mat}}$ 为例，$\text{Ker-PTWSVM2}^{\text{mat}}$ 中使用形式类似)。

表 6-1 Ker-PTWSVM^{mat} 方法中几种常用的核函数形式

分类算法	核函数
Linear	$K\left(S_1^{\text{mat}^{-1/2}}\left(A_i^{(2)}-\frac{1}{m_1}\sum_{k=1}^{m_1}A_k^{(1)}\right)v_1^*, S_1^{\text{mat}^{-1/2}}\left(A_j^{(2)}-\frac{1}{m_1}\sum_{k=1}^{m_1}A_k^{(1)}\right)v_1^*\right)$ $=\left(\left(A_i^{(2)}-\frac{1}{m_1}\sum_{k=1}^{m_1}A_k^{(1)}\right)v_1^*\right)^{\mathrm{T}} S_1^{\text{mat}^{-1}}\left(\left(A_j^{(2)}-\frac{1}{m_1}\sum_{k=1}^{m_1}A_k^{(1)}\right)v_1^*\right)$
Gaussian RBF	$K\left(S_1^{\text{mat}^{-1/2}}\left(A_i^{(2)}-\frac{1}{m_1}\sum_{k=1}^{m_1}A_k^{(1)}\right)v_1^*, S_1^{\text{mat}^{-1/2}}\left(A_j^{(2)}-\frac{1}{m_1}\sum_{k=1}^{m_1}A_k^{(1)}\right)v_1^*\right)$ $=\exp\left(-\left((A_i^{(2)}-A_j^{(2)})v_1^*\right)^{\mathrm{T}} S_1^{\text{mat}^{-1}}((A_i^{(2)}-A_j^{(2)})v_1^*)/\sigma^2\right)$
Polynomial of degree q	$K\left(S_1^{\text{mat}^{-1/2}}\left(A_i^{(2)}-\frac{1}{m_1}\sum_{k=1}^{m_1}A_k^{(1)}\right)v_1^*, S_1^{\text{mat}^{-1/2}}\left(A_j^{(2)}-\frac{1}{m_1}\sum_{k=1}^{m_1}A_k^{(1)}\right)v_1^*\right)$ $=\left(\left(\left(A_i^{(2)}-\frac{1}{m_1}\sum_{k=1}^{m_1}A_k^{(1)}\right)v_1^*\right)^{\mathrm{T}} S_1^{\text{mat}^{-1}}\left(\left(A_j^{(2)}-\frac{1}{m_1}\sum_{k=1}^{m_1}A_k^{(1)}\right)v_1^*\right)+c\right)^q$
Sigmoid	$K\left(S_1^{\text{mat}^{-1/2}}\left(A_i^{(2)}-\frac{1}{m_1}\sum_{k=1}^{m_1}A_k^{(1)}\right)v_1^*, S_1^{\text{mat}^{-1/2}}\left(A_j^{(2)}-\frac{1}{m_1}\sum_{k=1}^{m_1}A_k^{(1)}\right)v_1^*\right)$ $=\tanh\left(k\left(\left(A_i^{(2)}-\frac{1}{m_1}\sum_{k=1}^{m_1}A_k^{(1)}\right)v_1^*\right)^{\mathrm{T}} S_1^{\text{mat}^{-1}}\left(\left(A_j^{(2)}-\frac{1}{m_1}\sum_{k=1}^{m_1}A_k^{(1)}\right)v_1^*\right)+d\right)$

注：$\sigma>0, c\geqslant 0, k>0, d<0$。

6.4 递归最小二乘投影孪生支持向量机

6.4.1 线性递归最小二乘投影孪生支持向量机

线性最小二乘投影孪生支持向量机 LSPWTSVM 原始优化问题如下：

$$
\text{(LSPWTSVM1)}\quad \begin{aligned} &\min_{w_1,\xi}\ \frac{1}{2}\sum_{i=1}^{m_1}\left(w_1^{\mathrm{T}}x_i^{(1)}-w_1^{\mathrm{T}}\frac{1}{m_1}\sum_{j=1}^{m_1}x_j^{(1)}\right)^2+\frac{c_1}{2}\sum_{k=1}^{m_2}\xi_k^2 \\ &\text{s.t.}\ w_1^{\mathrm{T}}x_k^{(2)}-w_1^{\mathrm{T}}\frac{1}{m_1}\sum_{j=1}^{m_1}x_j^{(1)}+\xi_k=1,\quad k=1,2,\cdots,m_2 \end{aligned} \tag{6-45}
$$

和

$$\text{(LSPTWSVM2)}\quad \begin{aligned} &\min_{w_2,\eta}\ \frac{1}{2}\sum_{i=1}^{m_2}\left(w_2^{\mathrm{T}}x_i^{(2)}-w_2^{\mathrm{T}}\frac{1}{m_2}\sum_{j=1}^{m_2}x_j^{(2)}\right)^2+\frac{c_2}{2}\sum_{k=1}^{m_1}\eta_k^2 \\ &\text{s.t.}\ -\left(w_2^{\mathrm{T}}x_k^{(1)}-w_2^{\mathrm{T}}\frac{1}{m_2}\sum_{j=1}^{m_2}x_j^{(2)}\right)+\eta_k\geqslant 1,\quad k=1,2,\cdots,m_1 \end{aligned} \tag{6-46}$$

令 $A^*=\dfrac{1}{m_1}\sum\limits_{j=1}^{m_1}(x_j^{(1)})^{\mathrm{T}}$，$B^*=\dfrac{1}{m_2}\sum\limits_{j=1}^{m_2}(x_j^{(2)})^{\mathrm{T}}$，则式 (6-45)、式 (6-46) 分别用矩阵形式表示为

$$\text{(LSPTWSVM1)}\quad \begin{aligned} &\min_{w_1,\xi}\frac{1}{2}\|Aw_1-e_1A^*w_1\|^2+\frac{c_1}{2}\xi^{\mathrm{T}}\xi \\ &\text{s.t.}\ Bw_1-e_2A^*w_1+\xi=e_2 \end{aligned} \tag{6-47}$$

和

$$\text{(LSPTWSVM2)}\quad \begin{aligned} &\min_{w_2,\eta}\frac{1}{2}\|Bw_2-e_2B^*w_2\|^2+\frac{c_2}{2}\eta^{\mathrm{T}}\eta \\ &\text{s.t.}-(Aw_2-e_1B^*w_2)+\eta=e_1 \end{aligned} \tag{6-48}$$

将式 (6-47) 中等式约束代入目标函数得

$$\min_{w_1}\frac{1}{2}\|Aw_1-e_1A^*w_1\|^2+\frac{c_1}{2}\|Bw_1-e_2A^*w_1-e_2\|^2 \tag{6-49}$$

将式 (6-49) 对 w_1 求导并令其为零，可得

$$(A-e_1A^*)^{\mathrm{T}}(A-e_1A^*)w_1+c_1(B-e_2A^*)^{\mathrm{T}}(Bw_1-e_2A^*w_1-e_2)=0 \tag{6-50}$$

令 $E=A-e_1A^*$，$F=B-e_2A^*$，则由式 (6-50) 可得

$$w_1=\left(F^{\mathrm{T}}F+\frac{1}{c_1}E^{\mathrm{T}}E\right)^{-1}F^{\mathrm{T}}e_2 \tag{6-51}$$

按上述同样的推导方法，可由式 (6-48) 得

$$w_2=-\left(H^{\mathrm{T}}H+\frac{1}{c_2}G^{\mathrm{T}}G\right)^{-1}H^{\mathrm{T}}e_1 \tag{6-52}$$

其中 $G=B-e_2B^*$，$H=A-e_1B^*$。根据式 (6-51) 和式 (6-52) 可计算出权重矢量 w_1 和 w_2。对于一个新的未知样本，可同样依据式 (6-14) 进行分类。

为进一步提升 LSPTWSVM 的泛化性能，这里依旧采用文献 [3] 中递归学习机制，提出线性模式下基于递归学习的最小二乘投影孪生支持向量机：RLSPTWSVM。具体算法描述如下：

算法 6.1 RLSPTWSVM

步骤 1 初始化迭代次数 t=1，适当的迭代值 constIter，训练集 $S_1(t)=S_2(t)=\{x_i|i=1,2,\cdots,m\}$，参数 c_1 和 c_2；

步骤 2 在训练集 $S_1(t)$ 和 $S_2(t)$ 上依据式 (6-51) 和式 (6-52) 分别求出投影权重矢量 $w_1(t)$ 和 $w_2(t)$；

步骤 3 标准化 $w_1(t)$ 和 $w_2(t)$，即 $w_1(t)=w_1(t)/\|w_1(t)\|$，$w_2(t)=w_2(t)/\|w_2(t)\|$；

步骤 4 令 $S_1(t+1)=\{x_i(t+1)|x_i(t+1)=x_i(t)-w_1^{\mathrm{T}}x_i(t)w_1,i=1,2,\cdots,m\}$，$S_2(t+1)=\{x_i(t+1)|x_i(t+1)=x_i(t)-w_2^{\mathrm{T}}x_i(t)w_2,i=1,2,\cdots,m\}$；

步骤 5 如果 $t<\mathrm{constIter}$，则 $t=t+1$，并转到步骤 2，否则终止。

算法 6.1 可以为每类训练样本生成一组正交的投影权重矢量，分别记为：$W_1=\{w_1(t),t=1,2,\cdots\}$ 和 $W_2=\{w_2(t),t=1,2,\cdots\}$，因此，决策分类函数式 (6-44) 可扩展成如下形式：

$$\mathrm{label}(x)=\arg\min_{i=1,2}\{d_i\}=\arg\min_{i=1,2}\left\|W_i^{\mathrm{T}}x-W_i^{\mathrm{T}}\frac{1}{m_i}\sum_{k=1}^{m_i}x_k^{(i)}\right\|^2=\begin{cases}d_1\Rightarrow & x\in 第\ 1\ 类\\ d_2\Rightarrow & x\in 第\ 2\ 类\end{cases} \tag{6-53}$$

6.4.2 非线性递归最小二乘投影孪生支持向量机

非线性最小二乘投影孪生支持向量机 Ker-LSPTWSVM 原始优化问题如下：

$$(\text{Ker-LSPTWSVM1})\quad \begin{aligned}&\min_{\mu_1,\xi}\ \frac{1}{2}\left\|K(A,C^{\mathrm{T}})\mu_1-e_1A_{\mathrm{Ker}}^*\mu_1\right\|^2+\frac{c_1}{2}\xi^{\mathrm{T}}\xi\\ &\text{s.t.}K(B,C^{\mathrm{T}})\mu_1-e_2A_{\mathrm{Ker}}^*\mu_1+\xi=e_2\end{aligned} \tag{6-54}$$

和

$$(\text{Ker-LSPTWSVM2})\quad \begin{aligned}&\min_{\mu_2,\eta}\ \frac{1}{2}\left\|K(B,C^{\mathrm{T}})\mu_2-e_2B_{\mathrm{Ker}}^*\mu_2\right\|^2+\frac{c_2}{2}\eta^{\mathrm{T}}\eta\\ &\text{s.t.}\ -(K(A,C^{\mathrm{T}})\mu_2-e_1B_{\mathrm{Ker}}^*\mu_2)+\eta=e_1\end{aligned} \tag{6-55}$$

将式 (6-54) 中等式约束代入目标函数得

$$\min_{\mu_1}\frac{1}{2}\left\|K(A,C^{\mathrm{T}})\mu_1-e_1A_{\mathrm{Ker}}^*\mu_1\right\|^2+\frac{c_1}{2}\left\|K(B,C^{\mathrm{T}})\mu_1-e_2A_{\mathrm{Ker}}^*\mu_1-e_2\right\|^2 \tag{6-56}$$

将式 (6-56) 对 μ_1 求导并令其为零，可得

$$\begin{aligned}&(K(A,C^{\mathrm{T}})-e_1A_{\mathrm{ker}}^*)^{\mathrm{T}}(K(A,C^{\mathrm{T}})-e_1A_{\mathrm{Ker}}^*)\mu_1+c_1(K(B,C^{\mathrm{T}})\\ &-e_2A_{\mathrm{Ker}}^*)^{\mathrm{T}}(K(B,C^{\mathrm{T}})\mu_1-e_2A_{\mathrm{Ker}}^*\mu_1-e_2)=0\end{aligned} \tag{6-57}$$

令 $E=K(A,C^{\mathrm{T}})-e_1A^*_{\mathrm{Ker}}$，$F=K(B,C^{\mathrm{T}})-e_2A^*_{\mathrm{Ker}}$，则由式 (6-57) 可得

$$\mu_1=\left(F^{\mathrm{T}}F+\frac{1}{c_1}E^{\mathrm{T}}E\right)^{-1}F^{\mathrm{T}}e_2 \tag{6-58}$$

按照上述同样的推导方法，可由式 (6-55) 得

$$\mu_2=-\left(H^{\mathrm{T}}H+\frac{1}{c_2}G^{\mathrm{T}}G\right)^{-1}H^{\mathrm{T}}e_1 \tag{6-59}$$

其中 $G=K(B,C^{\mathrm{T}})-e_2B^*_{\mathrm{Ker}}$，$H=K(A,C^{\mathrm{T}})-e_1B^*_{\mathrm{Ker}}$。根据式 (6-58) 和式 (6-59) 可分别计算出权重矢量 μ_1 和 μ_2，进而可得算法 Ker-LSPTWSVM 的决策分类函数 $\mathrm{label}(x)$：

$$\begin{aligned}
&\mathrm{label}(x)=\underset{i=1,2}{\arg\min}\,\{d_i\}=\begin{cases} d_1\Rightarrow & x\in 第\ 1\ 类\\ d_2\Rightarrow & x\in 第\ 2\ 类\end{cases}\\
&d_1=\left|(K(x^{\mathrm{T}},C^{\mathrm{T}})-A^*_{\mathrm{Ker}})\mu_1\right|\\
&d_2=\left|(K(x^{\mathrm{T}},C^{\mathrm{T}})-B^*_{\mathrm{Ker}})\mu_2\right|
\end{aligned} \tag{6-60}$$

通过分析上节中算法 6.1 可知，递归算法核心是递归迭代公式：

$$x_{i+1}=x_i-w^{\mathrm{T}}x_iw,\quad i=1,2,\cdots,m \tag{6-61}$$

运用特征空间再生理论 [14] 将式 (6-61) 推广到非线性核空间得

$$\phi(x_{i+1})^{\mathrm{T}}=\phi(x_i)^{\mathrm{T}}-\phi(x_i)^{\mathrm{T}}(\phi(x_1),\cdots,\phi(x_m))\mu\mu^{\mathrm{T}}(\phi(x_1)^{\mathrm{T}},\cdots,\phi(x_m)^{\mathrm{T}})^{\mathrm{T}},\quad i=1,2,\cdots,m \tag{6-62}$$

将式 (6-62) 等式两端右乘 $(\phi(x_1),\cdots,\phi(x_m))$ 得

$$\begin{aligned}
&\phi(x_{i+1})^{\mathrm{T}}(\phi(x_1),\cdots,\phi(x_m))=\phi(x_i)^{\mathrm{T}}(\varphi(x_1),\cdots,\phi(x_m))\\
&-\phi(x_i)^{\mathrm{T}}(\phi(x_1),\cdots,\phi(x_m))\mu\mu^{\mathrm{T}}(\phi(x_1),\cdots,\phi(x_m))^{\mathrm{T}}(\phi(x_1),\cdots,\phi(x_m))\\
&\Rightarrow K(x_{i+1}^{\mathrm{T}},C^{\mathrm{T}})=K(x_i^{\mathrm{T}},C^{\mathrm{T}})-K(x_i^{\mathrm{T}},C^{\mathrm{T}})\mu\mu^{\mathrm{T}}K(C^{\mathrm{T}},C^{\mathrm{T}})\\
&i=1,2,\cdots,m
\end{aligned} \tag{6-63}$$

由式 (6-63) 可进一步得出关于 $K(A,C^{\mathrm{T}})$ 和 $K(B,C^{\mathrm{T}})$ 迭代公式：

$$\begin{aligned}
&K_{t+1}(A,C^{\mathrm{T}})=K_t(A,C^{\mathrm{T}})-K_t(A,C^{\mathrm{T}})\mu_1(t)\mu_1^{\mathrm{T}}(t)K(C^{\mathrm{T}},C^{\mathrm{T}})\\
&K_{t+1}(B,C^{\mathrm{T}})=K_t(B,C^{\mathrm{T}})-K_t(B,C^{\mathrm{T}})\mu_2(t)\mu_2^{\mathrm{T}}(t)K(C^{\mathrm{T}},C^{\mathrm{T}})
\end{aligned} \tag{6-64}$$

根据以上推理分析，我们给出递归 Ker-LSPTSVM 方法，具体描述如下：

算法 6.2 Ker-RLSPTSVM

步骤 1 初始化迭代次数 t=1，适当的迭代值 constIter，核矩阵 $K_t(A,C^{\mathrm{T}})$ 和 $K_t(B,C^{\mathrm{T}})$，错分惩罚参数 c_1、c_2 及核参数 σ(RBF 核函数)；

步骤 2 依据式 (6-58) 和式 (6-59) 并利用核矩阵 $K_t(A,C^{\mathrm{T}})$ 和 $K_t(B,C^{\mathrm{T}})$ 分别求出矢量 $\mu_1(t)$ 和 $\mu_2(t)$；

步骤 3 标准化 $\mu_1(t)$ 和 $\mu_2(t)$，即 $\mu_1(t)=\mu_1(t)/\left\|\mu_1(t)\right\|$，$\mu_2(t)=\mu_2(t)/\left\|\mu_2(t)\right\|$；

步骤 4 令 $K_{t+1}(A,C^{\mathrm{T}}) = K_t(A,C^{\mathrm{T}}) - K_t(A,C^{\mathrm{T}})\mu_1(t)\mu_1^{\mathrm{T}}(t)K(C^{\mathrm{T}},C^{\mathrm{T}})$，$K_{t+1}(B,C^{\mathrm{T}}) = K_t(B,C^{\mathrm{T}}) - K_t(B,C^{\mathrm{T}})\mu_2(t)\mu_2^{\mathrm{T}}(t)K(C^{\mathrm{T}},C^{\mathrm{T}})$；

步骤 5 如果 $t <$ constIter，则 $t = t+1$，并转到步骤 2，否则终止。

同样，算法 6.2 可以为每类训练样本生成一组权重矢量，分别记为：$U_1 = \{\mu_1(t), t=1,2,\cdots\}$ 和 $U_2 = \{\mu_2(t), t=1,2,\cdots\}$，因此，决策分类函数如下：

$$
\begin{aligned}
&\text{label}(x) = \underset{i=1,2}{\arg\min}\,\{d_i\} = \begin{cases} d_1 \Rightarrow & x \in \text{第 1 类} \\ d_2 \Rightarrow & x \in \text{第 2 类} \end{cases} \\
&d_1 = \left\|(K(x^{\mathrm{T}},C^{\mathrm{T}}) - A^*_{\mathrm{Ker}})U_1\right\|^2 \\
&d_2 = \left\|(K(x^{\mathrm{T}},C^{\mathrm{T}}) - B^*_{\mathrm{Ker}})U_2\right\|^2
\end{aligned} \tag{6-65}
$$

6.5 光滑投影孪生支持向量机

投影孪生支持向量机 (PTWSVM) 需要通过二次规划求解才能获得原始优化问题的解析解。当学习样本数增加时，PTWSVM 的训练时间逐渐上升，这使得 PTWSVM 很难胜任大规模数据的学习。文献 [15], [16] 采用光滑技术对传统 SVM 及孪生支持向量机 TWSVM 进行改进，很大程度上提高了算法的学习效率。因此，这里采用光滑技术对 PTWSVM 算法进行改进，提出一种光滑投影孪生支持向量机 (smooth PTWSVM，SPTWSVM)。

SPTWSVM 原始优化问题可表示为

$$
(\text{SPTWSVM1}) \quad \begin{aligned} &\min \ \frac{1}{2}w_1^{\mathrm{T}}S_1w_1 + \frac{c_1}{2}\xi_2^{\mathrm{T}}\xi_2 + \frac{c_3}{2}w_1^{\mathrm{T}}w_1 \\ &\text{s.t.} \ -\left(Bw_1 - \frac{1}{m_1}e_2e_1^{\mathrm{T}}Aw_1\right) + \xi_2 \geqslant e_2 \end{aligned} \tag{6-66}
$$

和

$$
(\text{SPTWSVM2}) \quad \begin{aligned} &\min \ \frac{1}{2}w_2^{\mathrm{T}}S_2w_2 + \frac{c_2}{2}\xi_1^{\mathrm{T}}\xi_1 + \frac{c_4}{2}w_2^{\mathrm{T}}w_2 \\ &\text{s.t.} \ \left(Aw_2 - \frac{1}{m_2}e_1e_2^{\mathrm{T}}Bw_2\right) + \xi_1 \geqslant e_1 \end{aligned} \tag{6-67}
$$

其中 $c_1>0$ 和 $c_2>0$ 是错分惩罚参数；$c_3>0$ 和 $c_4>0$ 是正则化参数。

考虑优化问题式 (6-66)。类似于文献 [15], [16]，式 (6-66) 中 ξ_2 用 $(e_2+Bw_1-e_2e_1^{\mathrm{T}}Aw_1/m_1)_+$ 代替，这样式 (6-66) 变为如下等价的无约束最小化问题：

$$\min J_1(w_1)=\frac{1}{2}w_1^{\mathrm{T}}S_1w_1+\frac{c_3}{2}w_1^{\mathrm{T}}w_1+\frac{c_1}{2}\left\|\left(e_2+Bw_1-\frac{1}{m_1}e_2e_1^{\mathrm{T}}Aw_1\right)_+\right\|_2^2 \tag{6-68}$$

显然，式 (6-68) 是二阶不可导的。引入光滑函数

$$\rho(x,\eta)=x+\frac{1}{2}\lg(1+\mathrm{e}^{-\eta x}),\quad \eta>0$$

式 (6-68) 可改写成

$$\min \bar{J}_1(w_1)=\frac{1}{2}w_1^{\mathrm{T}}S_1w_1+\frac{c_3}{2}w_1^{\mathrm{T}}w_1+\frac{c_1}{2}\left\|\rho\left(e_2+Bw_1-\frac{1}{m_1}e_2e_1^{\mathrm{T}}Aw_1,\eta\right)\right\|_2^2 \tag{6-69}$$

由于式 (6-69) 是一个光滑的最小化问题，因此可以采用全局收敛的 Newton 迭代方法求解 [15,16]。在采用 Newton 迭代方法求解该最小化问题，需要计算梯度和 Hessian 矩阵。梯度表示为

$$\nabla\bar{J}_1(w_1)=(S_1+c_3I)w_1+c_1(B-e_2e_1^{\mathrm{T}}A)'\mathrm{diag}(\rho(x,\eta)\nabla\rho(x,\eta)') \tag{6-70}$$

其中 $x=e_2+Bw_1-e_2e_1^{\mathrm{T}}Aw_1/m_1$；$\mathrm{diag}(X)$ 为列向量，其元素为矩阵 X 的对角元素。Hessian 矩阵为

$$\begin{aligned}\nabla^2\bar{J}_1(w_1)=&S_1+c_3I+c_1(B-e_2e_1^{\mathrm{T}}A)'(B-e_2e_1^{\mathrm{T}}A)\mathrm{diag}(\nabla\rho(x,\eta)\nabla\rho(x,\eta)'\\&+\rho(x,\eta)\nabla^2\rho(x,\eta)')\end{aligned} \tag{6-71}$$

同理，优化问题式 (6-67) 可表示为如下等价形式:

$$\min J_2(w_2)=\frac{1}{2}w_2^{\mathrm{T}}S_2w_2+\frac{c_4}{2}w_2^{\mathrm{T}}w_2+\frac{c_2}{2}\left\|\left(e_1-Aw_2+\frac{1}{m_2}e_1e_2^{\mathrm{T}}Bw_2\right)_+\right\|_2^2 \tag{6-72}$$

采用光滑技术可表示为

$$\min \bar{J}_2(w_2)=\frac{1}{2}w_2^{\mathrm{T}}S_2w_2+\frac{c_4}{2}w_2^{\mathrm{T}}w_2+\frac{c_2}{2}\left\|\rho\left(e_1-Aw_2+\frac{1}{m_2}e_1e_2^{\mathrm{T}}Bw_2,\eta\right)\right\|_2^2 \tag{6-73}$$

相应的梯度为

$$\nabla\bar{J}_2(w_2)=(S_2+c_4I)w_2-c_2(A-e_1e_2^{\mathrm{T}}B)'\mathrm{diag}(\rho(x,\eta)\nabla\rho(x,\eta)') \tag{6-74}$$

Hessian 矩阵为

$$\nabla^2 \bar{J}_2(w_2) = S_2 + c_4 I + c_2(A - e_1 e_2^{\mathrm{T}} B)'(A - e_1 e_2^{\mathrm{T}} B)\mathrm{diag}(\nabla\rho(x,\eta)\nabla\rho(x,\eta)' + \rho(x,\eta)\nabla^2\rho(x,\eta)') \tag{6-75}$$

光滑孪生支持向量机 SPTWSVM 具体学习算法描述如算法 6.3 所示。

算法 6.3 SPTWSVM 学习算法

步骤 1 初始化 $w_i^0 \in R^n (i=1,2)$；

步骤 2 选择合适的参数 c_1，c_2，c_3，c_4，ε 并且令 $k=0$；

步骤 3 计算梯度 $\nabla \bar{J}_i$ 和 Hessian 矩阵 $\nabla^2 \bar{J}_i$；

步骤 4 通过求解 $\nabla^2 \bar{J}_i^k d_i^k = -\nabla \bar{J}_i^k$ 计算方向矢量 $d_i^k \in R^n$；

步骤 5 选择步长 $\lambda^k \in R$ 求解 $w_i^{k+1} = w_i^k + \lambda^k d_i^k$，其中 $\lambda^k = \max\{1, 1/2, 1/4, \cdots\}$，$\bar{J}_i(w_i^k) - \bar{J}_i(w_i^k + \lambda^k d_i^k) \geqslant -\sigma\lambda^k \bar{J}_i^k d_i^k, \sigma \in (0, 0.5)$；

步骤 6 检测 $||w_i^{k+1} - w_i^k|| \leqslant \varepsilon$ 是否满足，满足则停止迭代，否则 $k = k+1$，转步骤 3。

6.6 基于鲁棒局部嵌入的孪生支持向量机

分析发现，GEPSVM、TWSVM 及 PTSVM 算法在优化问题中均没有充分考虑到训练样本之间的局部几何结构及其潜藏的分类信息的问题，因此，这里通过引入鲁棒局部嵌入 (alternative robust local embedding，ARLE) 算法思想，提出一种基于鲁棒局部嵌入的孪生支持向量机 (ARLE based twin SVM，ARLEBTSVM)。

6.6.1 线性算法

定义 6.3[18] 假定 $X_1 = A$，$X_2 = B$，则第 $c(c=1, 2)$ 类样本的类内局部及全局保持散度矩阵为：$H_c = X_c^{\mathrm{T}} L_c X_c = X_c^{\mathrm{T}}(I - W_c^{\mathrm{local}}) W_c^{\mathrm{global}} (I - W_c^{\mathrm{local}})^{\mathrm{T}} X_c$。其中，

$$W_c^{\mathrm{local}} \left(w_{ij}^{\mathrm{local}} = \begin{cases} s_{ij}/d_i, & \text{若 } x_i \in ne(x_j) \text{ 或 } x_j \in ne(x_i) \\ 0, & \text{否则} \end{cases} \right)$$

为局部权矩阵，$s_{ij} = \exp(-||x_i - x_j||/t^2)$，$t$ 为热核参数，$d_i = \sum_{j=1}^{k} s_{ij}$，$ne(x_j)$为 x_j 的 k 近邻)；W_c^{global}=diag$[w_1^{\mathrm{global}}, \cdots, w_{m_c}^{\mathrm{global}}]$ $\left(w_i^{\mathrm{global}} = d_i/d, d = \sum_{i=1}^{m_c} d_i \right)$ 为全局权矩阵；I 为单位矩阵。

局部及全局保持类内散度矩阵 H_c 是对称的正半定矩阵，其思想源于 ARLE，它反映了第 c 类样本空间的内在局部及全局几何结构 [17,18]。

定义 6.4 线性 ARLEBTSVM 对应的第 1 类超平面优化准则为

$$\begin{aligned}&\min\ \frac{1}{2}\omega_1^{\mathrm{T}}H_1\omega_1+c_1e_2^{\mathrm{T}}\xi_2\\&\text{s.t.}-\left(B\omega_1-\frac{1}{m_1}e_2e_1^{\mathrm{T}}A\omega_1\right)+\xi_2\geqslant e_2,\ \xi_2\geqslant 0\end{aligned}\tag{6-76}$$

第 2 类超平面优化准则为

$$\begin{aligned}&\min\ \frac{1}{2}\omega_2^{\mathrm{T}}H_2\omega_2+c_2e_1^{\mathrm{T}}\xi_1\\&\text{s.t. }A\omega_2-\frac{1}{m_2}e_1e_2^{\mathrm{T}}B\omega_2+\xi_1\geqslant e_1,\ \xi_1\geqslant 0\end{aligned}\tag{6-77}$$

定理 6.2 线性 ARLEBTSVM 优化准则式 (6-76) 对应的对偶问题为

$$\begin{aligned}&\min\ \frac{1}{2}\alpha^{\mathrm{T}}\left(B-\frac{1}{m_1}e_2e_1^{\mathrm{T}}A\right)H_1^{-1}\left(B^{\mathrm{T}}-\frac{1}{m_1}A^{\mathrm{T}}e_1e_2^{\mathrm{T}}\right)\alpha-e_2^{\mathrm{T}}\alpha\\&\text{s.t. }0\leqslant\alpha\leqslant c_1e_2\end{aligned}\tag{6-78}$$

优化准则式 (6-77) 对应的对偶问题为

$$\begin{aligned}&\min\ \frac{1}{2}\gamma^{\mathrm{T}}\left(A-\frac{1}{m_2}e_1e_2^{\mathrm{T}}B\right)H_2^{-1}\left(A^{\mathrm{T}}-\frac{1}{m_2}B^{\mathrm{T}}e_2e_1^{\mathrm{T}}\right)\gamma-e_1^{\mathrm{T}}\gamma\\&\text{s.t. }0\leqslant\gamma\leqslant c_2e_1\end{aligned}\tag{6-79}$$

证明 考虑线性 ARLEBTSVM 的优化准则式 (6-76)。

式 (6-76) 对应的拉格朗日函数为

$$L(\omega_1,\alpha,\beta,\xi_2)=\frac{1}{2}\omega_1^{\mathrm{T}}H_1\omega_1+c_1e_2^{\mathrm{T}}\xi_2-\alpha^{\mathrm{T}}\left(-\left(B\omega_1-\frac{1}{m_1}e_2e_1^{\mathrm{T}}A\omega_1\right)+\xi_2-e_2\right)-\beta^{\mathrm{T}}\xi_2\tag{6-80}$$

其中 $\alpha=(\alpha_1,\cdots,\alpha_{m_2})^{\mathrm{T}}$，$\beta=(\beta_1,\cdots,\beta_{m_2})^{\mathrm{T}}$ 是非负拉格朗日系数。

根据 Karush-Kuhn-Tucker (KKT)[19] 条件可得

$$\frac{\partial L}{\partial\omega_1}=0\Rightarrow\omega_1=-H_1^{-1}\left(B^{\mathrm{T}}-\frac{1}{m_1}A^{\mathrm{T}}e_1e_2^{\mathrm{T}}\right)\alpha\tag{6-81}$$

$$\frac{\partial L}{\partial\xi_2}=0\Rightarrow c_1e_2-\alpha-\beta=0\tag{6-82}$$

$$\alpha\geqslant 0,\ \beta\geqslant 0\tag{6-83}$$

将式 (6-81)、式 (6-82)、式 (6-83) 代入式 (6-80) 得定理 6.2 中式 (6-78) 成立。

同理可证得定理 6.2 中式 (6-79) 成立，且

$$\omega_2 = H_2^{-1}\left(A^{\mathrm{T}} - \frac{1}{m_2}B^{\mathrm{T}}e_2e_1^{\mathrm{T}}\right)\gamma \tag{6-84}$$

证毕。

通过求解定理 6.2 中两个对偶问题，可以分别求得拉格朗日系数 α 和 γ，并在此基础上求出两类样本的投影轴 ω_1 和 ω_2。类似于 PTSVM，线性 ARLETSVM 的决策函数同式 (6-14)。

6.6.2 非线性算法

当样本内在的几何结构呈现出高维非线性流形时，线性 ARLEBTSVM 方法是没有办法得到非线性流形结构的，因此本书提出非线性 ARLEBTSVM 方法。定义一非线性函数 ϕ，将样本 x 映射到特征空间 $F(\phi : x \to \phi(x))$，再引入核函数 $K(x_i, x_j) = \phi(x_i)^{\mathrm{T}}\phi(x_j)$，结合特征空间再生理论 [18] 可以将特征空间中的非线性决策超平面法向量表示为：$\omega_i^{\phi} = \sum\limits_{j=1}^{m} u_i^j\phi(x_j)$，其中 $u_i = (u_i^1, \cdots, u_i^m)^{\mathrm{T}}$ 表示权值矢量，i=1，2。这样，式 (6-76) 和式 (6-77) 目标函数中的正则化单元 $\omega_1^{\mathrm{T}}H_1\omega_1$ 和 $\omega_2^{\mathrm{T}}H_2\omega_2$ 可分别转换成特征空间中的正则化单元 $u_1^{\mathrm{T}}K(A, C^{\mathrm{T}})^{\mathrm{T}}L_1K(A, C^{\mathrm{T}})u_1$ 和 $u_2^{\mathrm{T}}K(B, C^{\mathrm{T}})^{\mathrm{T}}L_2K(B, C^{\mathrm{T}})u_2$，其中 $C^{\mathrm{T}} = [A^{\mathrm{T}}, B^{\mathrm{T}}]$。

定义 6.5 非线性 ARLEBTSVM 对应的第 1 类超平面优化准则为

$$\begin{aligned}
&\min \frac{1}{2}u_1^{\mathrm{T}}K(A, C^{\mathrm{T}})^{\mathrm{T}}L_1K(A, C^{\mathrm{T}})u_1 + c_1e_2^{\mathrm{T}}\eta_2 \\
&\text{s.t.} -\left(K(B, C^{\mathrm{T}})u_1 - \frac{1}{m_1}e_2e_1^{\mathrm{T}}K(A, C^{\mathrm{T}})u_1\right) + \eta_2 \geqslant e_2,\ \eta_2 \geqslant 0
\end{aligned} \tag{6-85}$$

第 2 类超平面优化准则为

$$\begin{aligned}
&\min \frac{1}{2}u_2^{\mathrm{T}}K(B, C^{\mathrm{T}})^{\mathrm{T}}L_2K(B, C^{\mathrm{T}})u_2 + c_2e_1^{\mathrm{T}}\eta_1 \\
&\text{s.t. } K(A, C^{\mathrm{T}})u_2 - \frac{1}{m_2}e_1e_2^{\mathrm{T}}K(B, C^{\mathrm{T}})u_2 + \eta_1 \geqslant e_1, \quad \eta_1 \geqslant 0
\end{aligned} \tag{6-86}$$

定理 6.3 非线性 ARLEBTSVM 优化准则式 (6-85) 对应的对偶问题为

$$\begin{aligned}
&\min \frac{1}{2}\alpha^{\mathrm{T}}\left(K(B, C^{\mathrm{T}}) - \frac{1}{m_1}e_2e_1^{\mathrm{T}}K(A, C^{\mathrm{T}})\right)Q_1^{-1}(K(B, C^{\mathrm{T}}) \\
&\quad -\frac{1}{m_1}e_2e_1^{\mathrm{T}}K(A, C^{\mathrm{T}}))^{\mathrm{T}}\alpha - e_2^{\mathrm{T}}\alpha \\
&\text{s.t. } 0 \leqslant \alpha \leqslant c_1e_2
\end{aligned} \tag{6-87}$$

优化准则式 (6-86) 对应的对偶问题为

$$\begin{aligned}&\min\ \frac{1}{2}\gamma^{\mathrm{T}}(K(A,C^{\mathrm{T}})-\frac{1}{m_2}e_1e_2^{\mathrm{T}}K(B,C^{\mathrm{T}}))Q_2^{-1}\\&\left(K(A,C^{\mathrm{T}})-\frac{1}{m_2}e_1e_2^{\mathrm{T}}K(B,C^{\mathrm{T}})\right)^{\mathrm{T}}\gamma-e_1^{\mathrm{T}}\gamma\\&\text{s.t. } 0\leqslant\gamma\leqslant c_2e_1\end{aligned}\tag{6-88}$$

其中 $Q_1=K(A,C^{\mathrm{T}})^{\mathrm{T}}L_1K(A,C^{\mathrm{T}})$，$Q_2=K(B,C^{\mathrm{T}})^{\mathrm{T}}L_2K(B,C^{\mathrm{T}})$。

证明 考虑非线性 ARLEBTSVM 的优化准则式 (6-85)。

式 (6-85) 对应的拉格朗日函数为

$$\begin{aligned}L(u_1,\alpha,\beta,\eta_2)=&\frac{1}{2}u_1^{\mathrm{T}}Q_1u_1+c_1e_2^{\mathrm{T}}\eta_2-\alpha^{\mathrm{T}}\left(-\left(K(B,C^{\mathrm{T}})u_1-\frac{1}{m_1}e_2e_1^{\mathrm{T}}K(A,C^{\mathrm{T}})u_1\right)\right.\\&\left.+\eta_2-e_2\right)-\beta^{\mathrm{T}}\eta_2\end{aligned}\tag{6-89}$$

其中 $\alpha=(\alpha_1,\cdots,\alpha_{m_2})^{\mathrm{T}}$，$\beta=(\beta_1,\cdots,\beta_{m_2})^{\mathrm{T}}$ 是非负拉格朗日系数。

根据 Karush-Kuhn-Tucker (KKT)[19] 条件可得

$$\frac{\partial L}{\partial u_1}=0\Rightarrow u_1=-Q_1^{-1}(K(B,C^{\mathrm{T}})-\frac{1}{m_1}e_2e_1^{\mathrm{T}}K(A,C^{\mathrm{T}}))^{\mathrm{T}}\alpha\tag{6-90}$$

$$\frac{\partial L}{\partial \eta_2}=0\Rightarrow c_1e_2-\alpha-\beta=0\tag{6-91}$$

$$\alpha\geqslant 0,\beta\geqslant 0\tag{6-92}$$

将式 (6-90)、式 (6-91)、式 (6-92) 代入式 (6-89) 得定理 6.3 中式 (6-87) 成立。

同理可证得定理 6.3 中式 (6-88) 成立，且

$$u_2=Q_2^{-1}\left(K(A,C^{\mathrm{T}})-\frac{1}{m_2}e_1e_2^{\mathrm{T}}K(B,C^{\mathrm{T}})\right)^{\mathrm{T}}\gamma\tag{6-93}$$

证毕。

类似于 PTSVM，非线性 ARLETSVM 的决策函数同式 (6-19)。

6.7 本章小结

投影孪生支持向量机 (PTWSVM) 优化问题旨在为每类训练样本寻找一最佳投影轴，使得本类样本投影后尽可能聚集在中心样本附近，而异类样本离该中心样本尽可能远。本章在投影孪生支持向量机及其最小二乘版算法 (LSPTWSVM) 的

基础上作进一步的研究，分别提出了基于矩阵模式的投影孪生支持向量机、非线性模式下的递归最小二乘投影孪生支持向量机、光滑投影孪生支持向量机和基于鲁棒局部嵌入的孪生支持向量机算法。这些算法虽然从分类性能、训练时间复杂度和鲁棒性等方面对投影孪生支持向量机算法进行进一步的改进，但依然存在许多问题，需要进一步的研究。

参考文献

[1] Mangasarian O L, Wild E W. Multisurface proximal support vector machine classification via generalized eigenvalues[J]. IEEE Transactions on Pattern Analysis and Machine Intelligence, 2006, 28 (1): 69-74.

[2] Jayadeva, Khemchandai R, Chandra S. Twin support vector machines for pattern classification[J]. IEEE Transaction on Pattern Analysis and Machine Intelligence, 2007, 29 (5): 905-910.

[3] Chen X B, Yang J, Ye Q L, et al. Recursive projection twin support vector machine via within-class variance minimization[J]. Pattern Recognition, 2011, 44: 2643-2655.

[4] Shao Y H, Deng N Y, Yang Z M. Least squares recursive twin support vector machine for classification[J]. Pattern Recognition, 2012, 45: 2299-2307.

[5] Shao Y H, Wang Z, Chen W J, et al. A regularization for the projection twin support vector machine[J]. Knowledge-Based Systems, 2013, 37: 203-210.

[6] 邓乃杨, 田英杰. 数据挖掘中的新方法 —— 支持向量机 [M]. 北京: 科学出版社, 2004.

[7] Yang J, Zhang D, Frangi A F, et al. Two-dimension PCA: a new approach to appearance-based face representation and recognition [J]. IEEE Transactions on Pattern Analysis and Machine Intelligence, 2004, 26(1): 131-137.

[8] Li M, Yuan B Z. 2D-LDA: a statistical linear discriminant analysis for image matrix [J]. Pattern Recognition Letters, 2004, (26): 527-532.

[9] Chen S, Zhu Y, Zhang D, et al. Feature extraction approaches based on matrix pattern: matPCA and matFLDA [J]. Pattern Recognition Letters, 2005, (26): 1157-1167.

[10] Wang Z, Chen S. New least squares support vector machines based on matrix patterns [J]. Neural Processing Letters, 2007, (26): 41-56.

[11] 皋军, 王士同. 基于矩阵模式的最小类内散度支持向量机 [J]. 电子学报, 2009, 37(5): 1051-1057.

[12] 边肇祺, 张学工. 模式识别 [M]. 北京: 清华大学出版社,2001.

[13] Cristianini N, Shawe-Taylor J. An Introduction to Support Vector Machines and Other Kernel-Based Learning Methods[M].Cambridge:Cambridge University Press, 2000.

[14] Gao S B, Ye Q L, Ye N. 1-Norm least squares twin support vector machines [J]. Neurocomputing, 2011, 74: 3590-3597.

[15] Lee Y J, Mangasarian O L. SSVM: A smooth support vector machine for classification [J]. Computational Optimization Applications, 2001, 20 (1): 5-22.

[16] Kumar M A, Gopal M. Application of smoothing technique on twin support vector machines [J]. Patter Recognition Letters, 2008, 29 (1): 1842-1848.

[17] Xue H, Chen S C. Alternative robust local embedding[C]//International conference on wavelet analysis and pattern recognition (ICWAPR), 2007, 591-596.

[18] Xue H, Chen S C. Glocalization pursuit support vector machine [J]. Neural Computing and Applications, 2011, 20(7):1043-1053.

[19] Scholkopf B, Smola A. Learning with Kernels-support Vector Machine, Regularization, Optimization, and Beyond[M]. Cambridge, MA: MIT Press, 2002.

第7章 局部保持孪生支持向量机

针对已有 MSSVM 方法存在的不足，本章将局部保持投影的基本原理引入 MSSVM 中，提出了全新的 MSSVM 方法 —— 局部保持孪生支持向量机。

7.1 概　述

对于二分类问题，传统 SVM 依据大间隔原则生成单一的分类超平面 [1]。存在的缺陷是计算复杂度高且没有充分考虑样本的分布 [2]。近年来，作为 SVM 的拓展方向之一，多面支持向量机 (multiple surface SVM，MSSVM) 分类方法正逐渐成为模式识别领域新的研究热点。该类方法的研究源于 Mangasarian 和 Wild 在 TPAMI 上提出的广义特征值近似支持向量机 (generalized eigenvalue proximal SVM，GEPSVM)[3]。GEPSVM 摒弃了近似支持向量机 (proximal SVM，PSVM) 中平行约束的条件, 优化目标要求超平面离本类样本尽可能地近, 离他类样本尽可能地远，问题归结为求解两个广义特征值问题。与 SVM 相比，除了速度上的优势，GEPSVM 能较好地处理异或 (XOR) 问题 [4]。基于 GEPSVM，近年发展了许多 MSSVM 分类方法，如孪生支持向量机 (twin SVM，TSVM)[5]、投影孪生支持向量机 (projection TSVM，PTSVM)[6]、多权矢量投影孪生支持向量机 (multi-weight vector projection SVM，MVPSVM)[7] 等。然而，分析发现，已有的 MSSVM 分类方法在学习过程中并没有充分考虑样本之间的局部几何结构及所蕴含的鉴别信息。

近来，为了有效揭示样本内部蕴含的局部几何结构，文献 [8]~[11] 分别提出了几种具有一定代表性的流形学习方法: 等距映射 (isometric mapping，IM)、局部线性嵌入 (locally linear embedding，LLE)、拉普拉斯特征映射 (Laplacian eigenmap，LE) 和局部保持投影 (locality preserving projection，LPP)。特别是 LPP 方法不但可以保持样本间局部几何结构，而且还可以克服其他几种方法难以在新的测试样本上获得低维的投影映射的问题，同时容易被非线性嵌入，从而发现高维非线性流形结构 [12]。为了充分发挥 LPP 方法的长处，文献 [13] 将 LPP 方法与 SVM 相结合，提出了拉普拉斯支持向量机 (Laplacian SVM, LSVM)。文献 [14] 基于 LPP 思想，定义了局部保持类散度矩阵，并在此基础上提出了最小类局部保持方差支持向量机 (minimum class locality preserving variance SVM，MCLPVSVM)。然而，LSVM 和 MCLPVSVM 都属于单面支持向量机范畴。

因此，这里将 LPP 思想引入 MSSVM 分类方法中，提出局部信息保持的孪生

支持向量机 (locality preserving twin SVM，LPTSVM)。该方法具有如下优势：继承了 MSSVM 分类方法的特色，如线性模式下对 XOR 类数据集的分类能力；首次将 LPP 思想引入 MSSVM 分类方法中，充分考虑了蕴含在样本内部局部几何结构中的鉴别信息，从而在一定程度上可以提高算法的泛化性能；通过主成分分析 (principal component analysis，PCA) 降维方法可以很好地消除奇异性问题，进而保证算法的稳定性；采用经验核映射 (empirical kernel mapping，EKM)[15,16] 方法，LPTSVM 可以很容易进行非线性嵌入，得到非线性分类方法。

7.2 线性局部保持孪生支持向量机

定义 7.1[14] 假定 $X_1 = A$，$X_2 = B$，则第 $l(l$=1, 2) 类样本的局部保持类内散度矩阵为：$Z_l = X_l^T(D^l - W^l)X_l$。其中 $W^l(W_{ij}^l = \exp(-\left\|x_i^{(l)} - x_j^{(l)}\right\|^2/t)$，$t$ 为热核参数) 是第 l 类样本 X_l 的权值矩阵，$D^l(D_{ii}^l = \sum_j W_{ji}^l)$ 是对角矩阵。

局部保持类内散度矩阵 Z_l 是对称的正半定矩阵，其思想源于 LPP，它反映了第 l 类样本间的内在局部几何结构 [14]。

定义 7.2 线性 LPTSVM 对应的第 1 类超平面优化准则为

$$\begin{aligned}&\min \frac{1}{2}w_1^{\mathrm{T}} Z_1 w_1 + c_1 e_2^{\mathrm{T}}\xi_2\\&\text{s.t. } -\left(Bw_1 - \frac{1}{m_1}e_2 e_1^{\mathrm{T}} A w_1\right) + \xi_2 \geqslant e_2,\ \xi_2 \geqslant 0\end{aligned} \tag{7-1}$$

第 2 类超平面优化准则为

$$\begin{aligned}&\min \frac{1}{2}w_2^{\mathrm{T}} Z_2 w_2 + c_2 e_1^{\mathrm{T}}\xi_1\\&\text{s.t. } Aw_2 - \frac{1}{m_2}e_1 e_2^{\mathrm{T}} B w_2 + \xi_1 \geqslant e_1,\ \xi_1 \geqslant 0\end{aligned} \tag{7-2}$$

定理 7.1 线性 LPTSVM 优化准则式 (7-1) 对应的对偶问题为

$$\begin{aligned}&\min \frac{1}{2}\alpha^{\mathrm{T}}\left(B - \frac{1}{m_1}e_2 e_1^{\mathrm{T}} A\right) Z_1^{-1}\left(B^{\mathrm{T}} - \frac{1}{m_1}A^{\mathrm{T}} e_1 e_2^{\mathrm{T}}\right)\alpha - e_2^{\mathrm{T}}\alpha\\&\text{s.t. } 0 \leqslant \alpha \leqslant c_1 e_2\end{aligned} \tag{7-3}$$

优化准则式 (7-2) 对应的对偶问题为

$$\begin{aligned}&\min \frac{1}{2}\gamma^{\mathrm{T}}\left(A - \frac{1}{m_2}e_1 e_2^{\mathrm{T}} B\right) Z_2^{-1}\left(A^{\mathrm{T}} - \frac{1}{m_2}B^{\mathrm{T}} e_2 e_1^{\mathrm{T}}\right)\gamma - e_2^{\mathrm{T}}\gamma\\&\text{s.t. } 0 \leqslant \gamma \leqslant c_2 e_1\end{aligned} \tag{7-4}$$

证明 考虑线性 LPTSVM 的优化准则式 (7-1)。

式 (7-1) 对应的拉格朗日函数为

$$\begin{aligned} L(w_1,\alpha,\beta,\xi_2) =& \frac{1}{2}w_1^{\mathrm{T}}Z_1w_1+c_1e_2^{\mathrm{T}}\xi_2 \\ & -\alpha^{\mathrm{T}}\left(-\left(Bw_1-\frac{1}{m_1}e_2e_1^{\mathrm{T}}Aw_1\right)+\xi_2-e_2\right)-\beta^{\mathrm{T}}\xi_2 \end{aligned} \tag{7-5}$$

其中 $\alpha=(\alpha_1,\cdots,\alpha_{m_2})^{\mathrm{T}}$，$\beta=(\beta_1,\cdots,\beta_{m_2})^{\mathrm{T}}$ 是非负拉格朗日系数。

根据 Karush-Kuhn-Tucker(KKT)[17] 条件可得

$$\frac{\partial L}{\partial w_1}=0\Rightarrow w_1=-Z_1^{-1}\left(B^{\mathrm{T}}-\frac{1}{m_1}A^{\mathrm{T}}e_1e_2^{\mathrm{T}}\right)\alpha \tag{7-6}$$

$$\frac{\partial L}{\partial \xi_2}=0\Rightarrow c_1e_2-\alpha-\beta=0 \tag{7-7}$$

$$\alpha\geqslant 0,\ \beta\geqslant 0 \tag{7-8}$$

将式 (7-6)、式 (7-7) 代入式 (7-5) 得定理 7.1 中式 (7-3) 成立。

同理可证得定理 7.1 中式 (7-4) 成立，且

$$w_2=Z_2^{-1}\left(A^{\mathrm{T}}-\frac{1}{m_2}B^{\mathrm{T}}e_2e_1^{\mathrm{T}}\right)\gamma \tag{7-9}$$

证毕。

通过求解定理 7.1 中两个对偶问题, 可以分别求得拉格朗日系数 α 和 γ, 并在此基础上求出两类样本的投影轴 w_1 和 w_2. 类似于 PTSVM，线性 LPTSVM 的两个决策超平面为

$$x^{\mathrm{T}}w_1+b_1=0,\ x^{\mathrm{T}}w_2+b_2=0 \tag{7-10}$$

其中偏置 $b_1=-\dfrac{1}{m_1}e_1^{\mathrm{T}}Aw_1$，$b_2=-\dfrac{1}{m_2}e_2^{\mathrm{T}}Bw_2$。

线性 LPTSVM 的决策函数为

$$\mathrm{label}(x)=\arg\min_{i=1,2}\{d_i\}=\begin{cases} d_1\Rightarrow x\in 第\ 1\ 类 \\ d_2\Rightarrow x\in 第\ 2\ 类 \end{cases} \tag{7-11}$$

其中 $d_i=\left|w_i^{\mathrm{T}}x+b_i\right|$，$|\cdot|$ 表示绝对值。

图 7-1 描述了 TSVM、PTSVM 和 LPTSVM 在人造数据集上的决策超平面。显然，LPTSVM 明显区别于 TSVM 和 PTSVM。LPTSVM 的两个超平面反映了两类样本的内在局部流行结构；而 TSVM 与 PTSVM 类似，它们反映的都是每类样本分布的平均信息。尽管 3 种算法对图 7-1 中人造数据集都可以得到 100%学习精度，但从泛化性能层面上讲，LPTSVM 明显优于其他两种算法。图 7-1 也进一步证明了 TSVM 和 PTSVM 确实没有考虑蕴含在样本间局部几何结构中的鉴别信息。

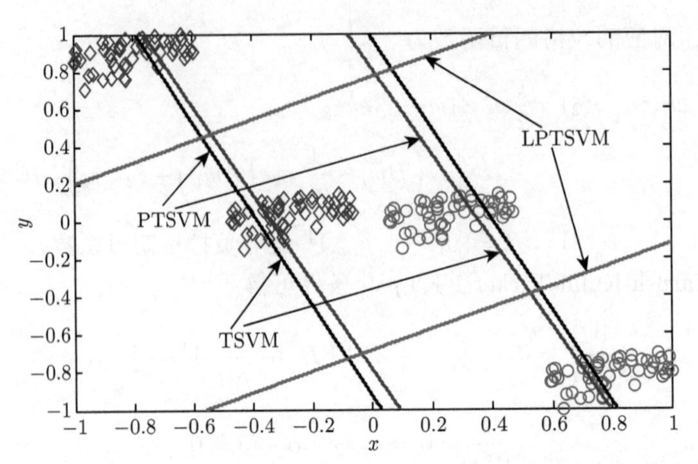

图 7-1　LPTSVM，TSVM 与 PTSVM 三者在人造数据集上的决策超平面

7.3　算法奇异性问题

从 7.2 节中式 (7-6) 和式 (7-9) 可知，LPTSVM 在求解过程中需要计算局部保持类内散度矩阵 $Z_l\ (l=1,2)$ 的逆矩阵，而 Z_l 是正半定矩阵，因此，该方法不是严格的凸规划问题 (强凸问题)，特别是在小样本情况下确实存在矩阵 Z_l 的奇异性。类似于文献 [6],[14]，PCA 降维方法可以用来解决 LPTSVM 奇异性。

该方法的主要思想是通过 PCA 方法将原样本降维到低维空间，使得 Z_l 非奇异。考虑 LPTSVM 原始优化问题式 (7-1)，定义第 1 类样本的散度矩阵

$$S_1=\sum_{x\in A}(x-\bar{m}_1)(x-\bar{m}_1)^{\mathrm{T}} \tag{7-12}$$

其中 $\bar{m}_1=(1/m_1)\sum_{x\in A}x$ 是第 1 类样本的均值。令 S_1 的非零特征值对应特征向量张成的非零空间记为 Ψ，零特征值对应特征向量张成的零空间记为 Π。

定理 7.2　令 $w_1=\mu_1+\nu_1(w_1\in R^n,\ \mu_1\in\Psi,\ \nu_1\in\Pi)$，则优化问题式 (7-1) 等价于

$$\begin{aligned}&\min\ \frac{1}{2}\mu_1^{\mathrm{T}}Z_1\mu_1+c_1e_2^{\mathrm{T}}\xi_2\\&\text{s.t.}\ -\left(B\mu_1-\frac{1}{m_1}e_2e_1^{\mathrm{T}}A\mu_1\right)+\xi_2\geqslant e_2,\quad \xi_2\geqslant 0\end{aligned} \tag{7-13}$$

证明　因为 $\nu_1\in\Pi$，$\nu_1^{\mathrm{T}}S_1\nu_1=0$，所以对于第 1 类样本集中任意两个样本 x_i，$x_j\ (i\neq j)$，$\nu_1^{\mathrm{T}}x_i=\nu_1^{\mathrm{T}}x_j$ 成立，即 $\nu_1^{\mathrm{T}}x_i=c$(c 是常数)。又因为 $Z_1=$

$X_1^{\mathrm{T}}(D^1-W^1)X_1$，所以

$$\begin{aligned}Z_1\nu_1 =& X_1^{\mathrm{T}}(D^1-W^1)X_1\nu_1\\ =&\left(\sum_{i=1}^{m_1}D_{ii}^1x_i^{(1)}(x_i^{(1)})^{\mathrm{T}}-\sum_{i=1}^{m_1}\sum_{j=1}^{m_1}W_{ij}^1x_i^{(1)}(x_i^{(1)})^{\mathrm{T}}\right)\nu_1\\ =&\sum_{i=1}^{m_1}\sum_{j=1}^{m_1}W_{ij}^1x_i^{(1)}(x_i^{(1)})^{\mathrm{T}}\nu_1-\sum_{i=1}^{m_1}\sum_{j=1}^{m_1}W_{ij}^1x_i^{(1)}(x_i^{(1)})^{\mathrm{T}}\nu_1\\ =&\left(\sum_{i=1}^{m_1}\sum_{j=1}^{m_1}W_{ij}^1x_i^{(1)}-\sum_{i=1}^{m_1}\sum_{j=1}^{m_1}W_{ij}^1x_i^{(1)}\right)c=0\end{aligned} \tag{7-14}$$

令第 2 类样本集在 ν_1 上的投影记为 $B\nu_1=\tau\in R^{m_2}$。依据上述结论，拉格朗日函数式 (7-5) 变为

$$\begin{aligned}L(w_1,\alpha,\beta,\xi_2)=&\frac{1}{2}w_1^{\mathrm{T}}Z_1w_1+c_1e_2^{\mathrm{T}}\xi_2-\alpha^{\mathrm{T}}\left(-\left(Bw_1-\frac{1}{m_1}e_2e_1^{\mathrm{T}}Aw_1\right)+\xi_2-e_2\right)-\beta^{\mathrm{T}}\xi_2\\ =&\frac{1}{2}(\mu_1+\nu_1)^{\mathrm{T}}Z_1(\mu_1+\nu_1)+c_1e_2^{\mathrm{T}}\xi_2+\alpha^{\mathrm{T}}\left(B-\frac{1}{m_1}e_2e_1^{\mathrm{T}}A\right)(\mu_1+\nu_1)\\ &-\alpha^{\mathrm{T}}(\xi_2-e_2)-\beta^{\mathrm{T}}\xi_2\\ =&\frac{1}{2}(\mu_1^{\mathrm{T}}Z_1\mu_1+\mu_1^{\mathrm{T}}Z_1\nu_1+\nu_1^{\mathrm{T}}Z_1\mu_1+\nu_1^{\mathrm{T}}Z_1\nu_1)+c_1e_2^{\mathrm{T}}\xi_2\\ &+\alpha^{\mathrm{T}}\left(B-\frac{1}{m_1}e_2e_1^{\mathrm{T}}A\right)\mu_1+\alpha^{\mathrm{T}}\left(B-\frac{1}{m_1}e_2e_1^{\mathrm{T}}A\right)\nu_1\\ &-\alpha^{\mathrm{T}}(\xi_2-e_2)-\beta^{\mathrm{T}}\xi_2\\ =&\frac{1}{2}\mu_1^{\mathrm{T}}Z_1\mu_1+c_1e_2^{\mathrm{T}}\xi_2+\alpha^{\mathrm{T}}\left(B-\frac{1}{m_1}e_2e_1^{\mathrm{T}}A\right)\mu_1+\alpha^{\mathrm{T}}\left(\tau-\frac{c}{m_1}e_2e_1^{\mathrm{T}}e_1\right)\\ &-\alpha^{\mathrm{T}}(\xi_2-e_2)-\beta^{\mathrm{T}}\xi_2\\ =&\frac{1}{2}\mu_1^{\mathrm{T}}Z_1\mu_1+c_1e_2^{\mathrm{T}}\xi_2+\alpha^{\mathrm{T}}\left(B-\frac{1}{m_1}e_2e_1^{\mathrm{T}}A\right)\mu_1+\alpha^{\mathrm{T}}(\tau-ce_2)\\ &-\alpha^{\mathrm{T}}(\xi_2-e_2)-\beta^{\mathrm{T}}\xi_2\end{aligned} \tag{7-15}$$

根据链规则，可以很容易证明

$$\left.\frac{\partial L}{\partial w_1}\right|_{w_1=w_1^*}=\left.\frac{\partial L}{\partial \mu_1}\right|_{\mu_1=\mu_1^*}=0\Leftrightarrow Z_1\mu_1^*+\alpha^{\mathrm{T}}\left(B-\frac{1}{m_1}e_2e_1^{\mathrm{T}}A\right)=0 \tag{7-16}$$

这样，对应于第 1 类样本的最优投影轴只依赖于 $\mu_1\in\Psi(\nu_1\in\Pi$ 可任选)。证毕。

由定理 7.2 可得，线性 LPTSVM 原始优化问题式 (7-1) 的最优解可以从约减的空间 Ψ 中寻找，且不会丢失任何鉴别信息。假定 S_1 有 N 个非零特征值，矩阵 P_1 的每一列为非零特征值对应的特征向量，则根据线性几何理论，Ψ 同构于 N 维实数空间 R^N，同构映射即为转换矩阵 P_1，因此有

$$\mu_1 = P_1\eta_1, \quad \mu_1 \in \Psi, \quad \eta_1 \in R^N \tag{7-17}$$

根据式 (7-17), 式 (7-13) 可进一步转变为 R^N 空间中的优化问题：

$$\begin{aligned}&\min \frac{1}{2}\eta_1^{\mathrm{T}}\bar{Z}_1\eta_1 + c_1 e_2^{\mathrm{T}}\xi_2\\&\text{s.t.} \ -\left(\bar{B}\eta_1 - \frac{1}{m_1}e_2 e_1^{\mathrm{T}}\bar{A}\eta_1\right) + \xi_2 \geqslant e_2,\ \xi_2 \geqslant 0\end{aligned} \tag{7-18}$$

式 (7-18) 中，$\bar{Z}_1 = P_1^{\mathrm{T}}Z_1P_1$，$\bar{B} = BP_1$，$\bar{A} = AP_1$。然而，在 R^N 空间中，$\bar{Z}_1$ 可能仍然奇异。此时，需要 PCA 方法降低到更低维空间，直到 $\bar{Z}_1$ 非奇异为止。

同理，对于线性 LPTSVM 原始优化问题式 (7-2) 具有上述类似的 PCA 降维处理过程，以保证局部保持类内散度矩阵 Z_2 非奇异。决策函数类似于式 (7-11)，只是式 (7-11) 中 $d_i = \left|\eta_i^{\mathrm{T}}P_i x + b_i\right|$，$b_1 = -\dfrac{1}{m_1}e_1^{\mathrm{T}}AP_1\eta_1$，$b_2 = -\dfrac{1}{m_2}e_2^{\mathrm{T}}BP_2\eta_2$。

7.4　非线性局部保持孪生支持向量机

对于非线性分类问题，一般算法是引入非线性映射将样本从输入空间映射到高维隐形特征空间，然后利用核轨迹在特征空间中执行线性算法。然而，类似于 PTSVM 中的类内散度矩阵 S_1/S_2，LPTSVM 中的局部保持类内散度矩阵 Z_1/Z_2 在特征空间中不易显式表示。文献 [15], [16] 利用经验核映射 (empirical kernel mapping，EKM) 将样本从输入空间映射到经验特征空间。经验特征空间保持了特征空间的几何结构，而且线性算法可直接在经验特征空间上运行 [15],[16]。因此，本书采用该方法构造非线性 LPTSVM。

首先，构造训练样本集核矩阵 $K_{\text{train}} = [k_{ij}]_{m\times m}(k_{ij} = \phi(x_i)^{\mathrm{T}}\phi(x_j) = k(x_i, x_j)$，$k(x_i, x_j)$ 为核函数)。K_{train} 是对称的正半定矩阵，可分解为

$$K_{\text{train}} = P_{m\times r}\Lambda_{r\times r}P_{r\times m}^{\mathrm{T}} \tag{7-19}$$

其中 r 是 K_{train} 的秩；Λ 为对角矩阵 (对角元素为 K_{train} 的 r 个正特征值)；P 的每一列为正特征值对应的特征向量。

然后，使用 EKM 将训练样本从输入空间映射到经验特征空间，公式表示为

$$x \rightarrow \Lambda^{-1/2}P^{\mathrm{T}}(k(x, x_1), k(x, x_2), \cdots, k(x, x_m))^{\mathrm{T}} \tag{7-20}$$

对于整个训练样本集，则有 $X_{\mathrm{train}}^{\mathrm{e}} = K_{\mathrm{train}} P \Lambda^{-1/2}$($X_{\mathrm{train}}^{\mathrm{e}}$ 为经验特征空间中的训练样本集)。值得注意的是，原输入空间样本的维数为 n，而经验特征空间中样本维数为 r。

最后，以 $X_{\mathrm{train}}^{\mathrm{e}}$ 作为新的训练样本集，直接执行线性 LPTSVM。测试时，用式 (7-20) 将未知样本转换到经验特征空间后再决策。

7.5 实验与分析

在人工数据集和真实数据集上分别对 TSVM、PTSVM 与 LPTSVM 进行实验。实验环境：Windows 7 操作系统，CPU 为 i3-2350M 2.3GHz，内存为 2gB，运行软件为 MATLAB 7.1。

7.5.1 测试人造数据集

人造数据集经常被用来测试算法效果 [13]，本节分别使用交叉数据集和流形数据集来验证 LPTSVM 分类性能，并与 TSVM 和 PTSVM 进行对比。

1. 测试交叉数据集

相对于单面支持向量机，线性模式下对 XOR 问题的求解能力是 MSSVM 分类算法优势之一 [3,4,6]。因此，本节首先验证 LPTSVM 求解 XOR 的能力。图 7-2 给出 TSVM、PTSVM 与 LPTSVM 3 个分类器在交叉数据集上 “Crossplanes”(XOR 的推广)[3,4,6] 上的分类性能。显然 3 个算法产生的分类面重合，而且可以较好地求解 XOR 问题，并得到 100%的学习精度。这也进一步证明了本书 LPTSVM 继承了 MSSVM 分类算法的特色，即线性模式下对 XOR 问题的求解能力优于单面支持向量机算法。

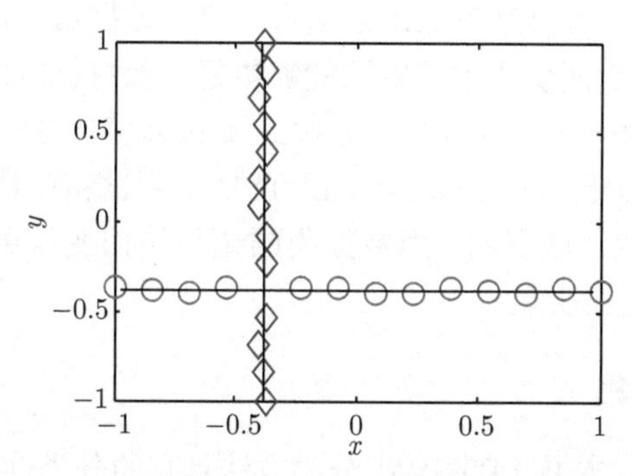

图 7-2 TSVM、PTSVM 和 LPTSVM 在交叉数据集上产生的分类面

2. 测试流形数据集

数据集 two-moons 经常被用于测试一些流行学习方法 [13,18]。这里通过与 TSVM 和 PTSVM 方法进行比较，测试本书方法在两种不同复杂度 two-moons 数据集 (图 7-3(a)、图 7-3(b)) 上保持非线性局部流形结构的性能。

实验设计：两种 two-moons 数据集大小均为 100，其中正负类数据数各 50，随机抽取 40%训练集和 60%测试集，重复 10 次，分别记录实验结果，且将实验结果的平均值记录于表 7-1。参数 c_1 与 c_2 的搜索范围均为{0.001,0.01,0.1,1,10,100,1000}，LPTSVM 中热核参数 t 的搜索范围为{0.5,1,1.5,2,2.5}。核函数选用高斯核 $\exp(-\|x_i - x_j\|^2/2\sigma^2)$，核宽参数 σ 的搜索范围为{0.5,1,2,4,8,16,32}。采用 PCA 方法将核映射后的数据集降维为 18。

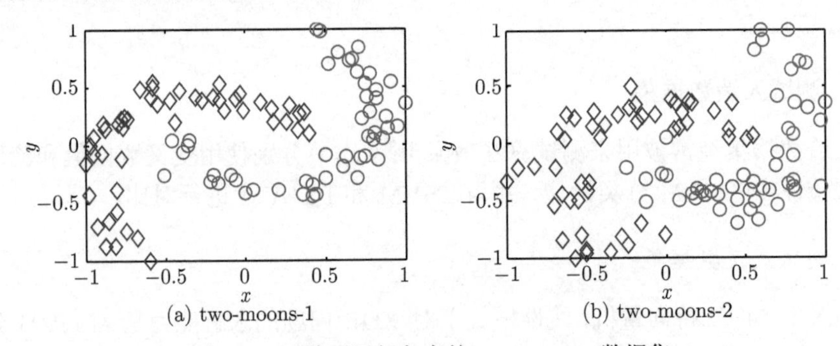

图 7-3 两种不同复杂度的 two-moons 数据集

表 7-1 TSVM，PTSVM 和 LPTSVM 算法的测试精度比较

数据集	TSVM	PTSVM	LPTSVM
two-moons-1	0.96667	0.96333	0.98
two-moons-2	0.915	0.92	0.95667

从表 7-1 可以看出：① LPTSVM 方法对于流行数据集的测试性能高于 TSVM 和 PTSVM，这也进一步证明了本书方法能够更好地保持样本间非线性局部流形结构鉴别信息；② 对于 two-moons-1，LPTSVM 测试精度比 TSVM 和 PTSVM 平均高出 1.5 个百分点；对于 two-moons-2，LPTSVM 测试精度比 TSVM 和 PTSVM 平均高出 3.9 个百分点。这表明，当数据集的拓扑结构变得更加复杂而不规则时，本书 LPTSVM 优势更加明显。

7.5.2 测试真实数据集

为了更全面地说明本书 LPTSVM 分类方法具有的分类性能，在本节测试 UCI 数据集，同时与 TSVM 和 PTSVM 进行对比，以增加本书算法分类性能的说服力。

UCI 数据集经常被用来测试算法的分类精度 [4−7,14,19]。在该测试阶段，我们抽取该数据集的 10 个二分类数据子集：Ionosphere，Monks3，Heart，Glass7，Pima-Fndia，Bupa_liver，Hepatitis，Vertebral，Parkinsons，Wdbc 来分别测试 TSVM，PTSVM 和本书 LPTSVM。对于每个数据子集，选用 5 折交叉验证方法 [20]。实验结果给出了平均识别精度和训练时间。另外，为了公平起见，运用配对 t 检验以克服随机性，并用 P 记录。置信水平为 95%。当 $P<0.05$，意味着两个算法存在显著的差异。相关参数搜索范围同 7.5.1 节实验。表 7-2 和表 7-3 分别给出了线性模式及非线性模式下 3 种分类方法的测试结果。同样，3 种分类方法在非线性模式下都存在奇异性问题，因此，我们在实验中采用 PCA 方法对经验核映射后的数据集降维。为公平起见，降维后的特征维数都为 m_i-2(m_i 为第 i 类训练样本数，i=1，2)。

表 7-2 线性 TSVM，PTSVM 与 LPTSVM 的测试结果

数据集	TSVM			PTSVM			LPTSVM	
	精度	时间/s	P	精度	时间/s	P	精度	时间/s
Ionosphere (351×34)	0.89429±0.041	0.453	0.374	0.88000±0.052	0.414	0.047	0.90000±0.047	0.429
Monks3 (432×6)	0.85499±0.067	0.297	0.731	0.84992±0.037	0.281	0.168	0.85933±0.055	0.263
Heart (270×13)	0.84815±0.043	0.242	0.032	0.85556±0.034	0.188	0.037	0.87037±0.037	0.172
Glass7 (214×7)	0.96004±0.059	0.203	0.233	0.96004±0.059	0.172	0.233	0.99524±0.010	0.187
Pima-India (768×8)	0.77345±0.016	1.500	0.131	0.77591±0.025	1.178	0.474	0.78467±0.026	0.981
Bupa_liver (345×6)	0.70145±0.015	0.266	0.089	0.70725±0.020	0.133	0.208	0.71594±0.023	0.121
Hepatitis (155×19)	0.89905±0.057	0.234	0.621	0.86666±0.056	0.156	0.106	0.89238±0.054	0.148
Vertebral (310×6)	0.89032±0.093	0.302	0.704	0.88064±0.109	0.238	0.242	0.89355±0.106	0.191
Parkinsons (195×22)	0.86986±0.083	0.234	0.071	0.82778±0.062	0.195	0.178	0.83831±0.067	0.172
Wdbc (569×30)	0.97888±0.004	1.156	0.061	0.97711±0.004	1.078	0.012	0.98419±0.003	1.061

从训练时间上看：宏观上，3 种方法基本处于同样的数量级，这主要是因为 3 种算法的时间复杂度主要都集中在二次规划求解上，均为 $O(m_1^3+m_2^3)$；微观上，本书的 LPTSVM 要略快于 TSVM 和 PTSVM，从实验过程上看，这主要是因为 LPTSVM 二次规划求解的收敛速度略快。

表 7-3　非线性 TSVM，PTSVM 与 LPTSVM 的测试结果

数据集	TSVM			PTSVM			LPTSVM	
	精度	时间/s	P	精度	时间/s	P	精度	时间/s
Ionosphere (351×34)	0.94859±0.031	1.071	0.071	0.93714±0.042	1.071	0.049	0.95714±0.035	1.078
Monks3 (432×6)	0.90189±0.046	1.672	0.072	0.83545±0.046	1.719	0.003	0.91040±0.037	1.734
Heart (270×13)	0.82963±0.025	0.617	0.025	0.82222±0.028	0.609	0.008	0.85555±0.036	0.602
Glass7 (214×7)	0.96439±0.051	0.695	0.218	0.96439±0.051	0.750	0.218	0.99565±0.010	0.656
Pima-India (768×8)	0.78260±0.018	9.516	0.041	0.78907±0.023	9.727	0.135	0.79905±0.028	7.391
Bupa_liver (345×6)	0.71594±0.035	1.289	0.069	0.70435±0.042	1.266	0.046	0.72754±0.023	1.047
Hepatitis (155×19)	0.87238±0.040	0.398	0.051	0.88571±0.051	0.258	0.621	0.89238±0.050	0.250
Vertebral (310×6)	0.86451±0.089	1.094	0.035	0.85806±0.089	1.078	0.022	0.89032±0.079	1.035
Parkinsons (195×22)	0.88384±0.070	0.523	0.173	0.84761±0.075	0.336	0.027	0.87332±0.070	0.344
Wdbc (569×30)	0.99057±0.008	3.633	0.216	0.98703±0.013	3.656	0.089	0.99234±0.001	3.492

从泛化性能上看：无论是线性模式还是非线性模式，本书的 LPTSVM 方法对未知样本的识别精度总体上均高于 TSVM 和 PTSVM。特别是在非线性模式上，t 检验表明 LPTSVM 与 PTSVM 存在较为显著的差异。这进一步表明，考虑样本间局部结构信息确实能够一定程度上提高多面分类器的泛化性能。

为考虑 PCA 降维对算法分类性能的影响，表 7-4 以 Heart 数据集为例，给出了不同维度下 3 种分类方法的识别精度。从实验结果上看，不同维度的选择，确实

表 7-4　非线性 TSVM，PTSVM 与 LPTSVM 在 Heart 数据集上不同维度下的测试结果

维度	TSVM	PTSVM	LPTSVM
m_i-90	0.86296±0.025	0.87047±0.029	0.88518±0.032
m_i-80	0.86296±0.025	0.87037±0.026	0.87047±0.029
m_i-70	0.85926±0.025	0.85555±0.025	0.87407±0.025
m_i-60	0.86667±0.018	0.85555±0.025	0.86296±0.025
m_i-10	0.84815±0.022	0.84815±0.014	0.84815±0.032
m_i-5	0.84818±0.014	0.85185±0.026	0.85185±0.026
m_i-2	0.82963±0.025	0.82222±0.028	0.85555±0.036

影响到算法的泛化性能。但总体上，本书 LPTSVM 方法平均识别精度高于 TSVM 和 PTSVM。

7.6 本章小结

本章根据已有 MSSVM 方法存在的不足，将 LPP 基本原理引入 MSSVM 中，提出一种全新的 MSSVM 方法：局部保持孪生支持向量机 (LPTSVM)，该方法不仅继承了 MSSVM 方法较好的异或 (XOR) 问题的求解能力，而且在一定程度上克服了已有 MSSVM 方法没有充分考虑训练样本间局部几何结构信息的缺陷。在小样本情况下，PCA 方法被用来实现高维样本空间的降维处理，从而保证了本书 LPTSVM 方法的有效性。对于非线性分类问题，本章采用经验核映射方法构造经验核空间，这样，LPTSVM 方法可以直接在经验核空间中执行。实验中选用具有代表性的 TSVM 和 PTSVM 作比较，结果表明 LPTSVM 方法具有较好的泛化性能。

参 考 文 献

[1] 杨绪兵, 陈松灿. 基于原型超平面的多类最接近支持向量机 [J]. 计算机研究与发展, 2006, 43(10): 1700-1705.

[2] 皋军, 王士同, 邓赵红. 基于全局和局部保持的半监督支持向量机 [J]. 电子学报, 2010, 38(7): 1626-1633.

[3] Mangasarian O L, Wild E W. Multisurface proximal support vector machine classification via generalized eigenvalues [J]. IEEE Transactions on Pattern Analysis and Machine Intelligence, 2006, 28 (1): 69-74.

[4] 业巧林, 赵春霞, 陈小波. 基于正则化技术的对支持向量机特征选择算法 [J]. 计算机研究与发展, 2011, 48(6): 1029-1037.

[5] Jayadeva, Khemchandai R, Chandra S. Twin support vector machines for pattern classification [J]. IEEE Transaction on Pattern Analysis and Machine Intelligence, 2007, 29 (5): 905-910.

[6] Chen X B, Yang J, Ye Q L, et al. Recursive projection twin support vector machine via within-class variance minimization [J]. Pattern Recognition, 2011, 44 (10): 2643-2655.

[7] Ye Q L, Zhao C X, Ye N, et al. Multi-weight vector projection support vector machines [J]. Pattern Recognition Letters, 2010, 31 (11): 2006-2011.

[8] Tenenbaum J B, Silva V D, Langford J C. A global geometric framework for nonlinear dimensionality reduction [J]. Science, 2000, 290(5500): 2319-2323.

[9] Roweis S T, Saul L K. Nonlinear dimensionality reduction by locally linear embedding [J]. Science, 2000, 290(5500): 2323-2326.

[10] Belkin M, Niyogi P. Laplacian eigenmaps for dimensionality reduction and data representation [J]. Neural Computation, 2003, 15(6): 1373-1369.

[11] He X F, Niyogi P. Locality preserving projections [OL]. http://www.docin. com/p-202458452.html. [2012-07-08].

[12] Cai D, He X F, Han J W. Semi-supervised discriminant analysis [OL]. http://wenku.baidu.com/view/5215036ab84ae45c3b358c0d.html. [2012-07-08].

[13] Belkin M, Niyogi P, Sindhwani V. Manifold regularization: a geometric framework for learning from labeled and unlabeled examples [J]. The Journal of Machine Learning Research, 2006, 7(11): 2399-2434.

[14] Wang X M, Chung F L, Wang S T. On minimum class locality preserving variance support vector machine [J]. Patter Recognition, 2010, 43(8): 2753-2762.

[15] Xiong H L, Swamy M N S, Ahmad M O. Optimizing the kernel in the empirical feature space [J]. IEEE Transactions on Neural Networks, 2005, 16(2): 460-474.

[16] Wang Y Y, Chen S C, Xue H. Support vector machine incorporated with feature discrimination [J]. Expert Systems with Applications, 2011, 38(10): 12506-12513.

[17] 邓乃杨, 田英杰. 数据挖掘中的新方法 —— 支持向量机 [M]. 北京: 科学出版社, 2004.

[18] He X F, Yan S C, Hu Y X, et al. Face recognition using laplacian faces [J]. IEEE Transactions on Pattern Analysis and Machine Intelligence, 2005, 27(3): 328-340.

[19] 丁立中, 廖士中. KMA-a: 一个支持向量机核矩阵的近似计算算法 [J]. 计算机研究与发展, 2012, 49(4): 746-753.

[20] Abril L G, Angulo C, Velasco F, et al. A note on the bias in SVMs for multiclassfication [J]. IEEE Transactions on Neural Networks, 2008, 19(4): 723-725.

第 8 章　原空间最小二乘孪生支持向量回归机

为了提高孪生支持向量回归机 (twin support vector regression, TSVR) 的训练速度，本章提出一种 TSVR 的变形算法 —— 原空间最小二乘孪生支持向量回归机 [1]。

8.1　标准 TSVR 模型

为了本章内容的完整性，将标准 TSVR 学习算法再简单阐述一下，更详细的内容请参阅第 3 章。

假设给定训练集 $\{(x_1,y_1),\cdots,(x_l,y_l)\}\in R^n\times R,\ \ i=1,\cdots,l$。令 $A_{l\times n}$ 为训练样本输入数据集，即 $\{x_k\}_{k=1}^{l}$；令 $Y_{l\times 1}$ 为训练样本输出数据集，即 $A_{l\times n}$ 对应的回归为 $Y_{l\times 1}=[y_1,y_2,\cdots,y_l]^{\mathrm{T}}$。

孪生支持向量回归机 (TSVR) 的基本原理是要在训练数据点两侧产生一对不平行的函数，分别确定回归函数的 ε 不敏感上、下界。

对于线性的情况，TSVR 通过训练数据的 ε_1 不敏感下界

$$f_1(x)=w_1^{\mathrm{T}}x+b_1 \tag{8-1}$$

与 ε_2 不敏感上界

$$f_2(x)=w_2^{\mathrm{T}}x+b_2 \tag{8-2}$$

确定最终的回归函数，而这对函数可以通过求解下面一对二次规划问题得到

$$\begin{aligned} \min\quad & \frac{1}{2}\left\|Y-e\varepsilon_1-(Aw_1+eb_1)\right\|^2+c_1e^{\mathrm{T}}\xi \\ \text{s.t.}\quad & Y-(Aw_1+eb_1)\geqslant e\varepsilon_1-\xi,\ \ \xi\geqslant 0 \end{aligned} \tag{8-3}$$

$$\begin{aligned} \min\quad & \frac{1}{2}\left\|Y+e\varepsilon_2-(Aw_2+eb_2)\right\|^2+c_2e^{\mathrm{T}}\eta \\ \text{s.t.}\quad & (Aw_2+eb_2)-Y\geqslant e\varepsilon_2-\eta,\ \ \eta\geqslant 0 \end{aligned} \tag{8-4}$$

其中 $c_1,c_2>0,\varepsilon_1,\varepsilon_2>0$ 为常数；$\xi,\ \eta$ 为松弛变量；e 为 $l\times 1$ 维的单位列向量。

引入拉格朗日乘子 α 和 γ，并结合 Karush-Kuhn-Tucker(KKT) 条件，可以得到式 (8-3) 和式 (8-4) 的对偶优化问题为

$$\begin{aligned}\max\quad & -\frac{1}{2}\alpha^{\mathrm{T}}G(G^{\mathrm{T}}G)^{-1}G^{\mathrm{T}}\alpha+f^{\mathrm{T}}G(G^{\mathrm{T}}G)^{-1}G^{\mathrm{T}}\alpha-f^{\mathrm{T}}\alpha\\ \text{s.t.}\quad & 0\leqslant\alpha\leqslant c_1e\end{aligned}\tag{8-5}$$

$$\begin{aligned}\max\quad & -\frac{1}{2}\gamma^{\mathrm{T}}G(G^{\mathrm{T}}G)^{-1}G^{\mathrm{T}}\gamma-h^{\mathrm{T}}G(G^{\mathrm{T}}G)^{-1}G^{\mathrm{T}}\gamma+h^{\mathrm{T}}\gamma\\ \text{s.t.}\quad & 0\leqslant\gamma\leqslant c_2e\end{aligned}\tag{8-6}$$

其中 $G=[A\quad e]$，$f=Y-\varepsilon_1$ 和 $h=Y+\varepsilon_2e$，优化之后得到下面的目标回归函数:

$$f(x)=\frac{1}{2}(f_1(x)+f_2(x))=\frac{1}{2}(w_1+w_2)^{\mathrm{T}}x+\frac{1}{2}(b_1+b_2)\tag{8-7}$$

其中 $[w_1\quad b_1]^{\mathrm{T}}=(G^{\mathrm{T}}G)^{-1}G^{\mathrm{T}}(f-\alpha)$，$[w_2\quad b_2]^{\mathrm{T}}=(G^{\mathrm{T}}G)^{-1}G^{\mathrm{T}}(h+\gamma)$。

对于非线性情况，TSVR 考虑两个带核的不平行函数:

$$f_1(x)=K(x^{\mathrm{T}},A^{\mathrm{T}})w_1+b_1,\quad f_2(x)=K(x^{\mathrm{T}},A^{\mathrm{T}})w_2+b_2\tag{8-8}$$

和上面的讨论类似，式 (8-8) 通过求解下面一对优化问题可以得到:

$$\begin{aligned}\min\quad & \frac{1}{2}\left\|Y-e\varepsilon_1-(K(A,A^{\mathrm{T}})w_1+eb_1)\right\|^2+c_1e^{\mathrm{T}}\xi\\ \text{s.t.}\quad & Y-(K(A,A^{\mathrm{T}})w_1+eb_1)\geqslant e\varepsilon_1-\xi,\ \ \xi\geqslant 0\end{aligned}\tag{8-9}$$

$$\begin{aligned}\min\quad & \frac{1}{2}\left\|Y+e\varepsilon_2-(K(A,A^{\mathrm{T}})w_2+eb_2)\right\|^2+c_2e^{\mathrm{T}}\eta\\ \text{s.t.}\quad & (K(A,A^{\mathrm{T}})w_2+eb_2)-Y\geqslant e\varepsilon_2-\eta,\ \ \eta\geqslant 0\end{aligned}\tag{8-10}$$

根据 KKT 条件并引入拉格朗日乘子，式 (8-9) 和式 (8-10) 的对偶优化问题为

$$\begin{aligned}\max\quad & -\frac{1}{2}\alpha^{\mathrm{T}}H(H^{\mathrm{T}}H)^{-1}H^{\mathrm{T}}\alpha+f^{\mathrm{T}}H(H^{\mathrm{T}}H)^{-1}H^{\mathrm{T}}\alpha-f^{\mathrm{T}}\alpha\\ \text{s.t.}\quad & 0\leqslant\alpha\leqslant c_1e\end{aligned}\tag{8-11}$$

$$\begin{aligned}\max\quad & -\frac{1}{2}\gamma^{\mathrm{T}}H(H^{\mathrm{T}}H)^{-1}H^{\mathrm{T}}\gamma-h^{\mathrm{T}}H(H^{\mathrm{T}}H)^{-1}H^{\mathrm{T}}\gamma+h^{\mathrm{T}}\gamma\\ \text{s.t.}\quad & 0\leqslant\gamma\leqslant c_2e\end{aligned}\tag{8-12}$$

其中 $H=[K(A,A^{\mathrm{T}})e]$，我们可以得到 $f_1(x)$ 和 $f_2(x)$ 的向量值:

$$[w_1\quad b_1]^{\mathrm{T}}=(H^{\mathrm{T}}H)^{-1}H^{\mathrm{T}}(f-\alpha),\quad [w_2\quad b_2]^{\mathrm{T}}=(H^{\mathrm{T}}H)^{-1}H^{\mathrm{T}}(h+\gamma)\tag{8-13}$$

从而，非线性 TSVR 的回归函数可以表示为

$$f(x)=\frac{1}{2}[f_1(x)+f_2(x)]=\frac{1}{2}K(x^{\mathrm{T}},A)(w_1+w_2)+\frac{1}{2}(b_1+b_2) \tag{8-14}$$

8.2 最小二乘孪生支持向量回归机学习算法

在这一节中，我们引入最小二乘思想，把 TSVR 的不等式约束条件修改为等式约束条件，然后直接在原空间对带有等式约束的二次规划问题进行求解，而不是在对偶空间解决这个问题。这一策略可以简化 TSVR 的计算复杂性。基于这个思想，我们提出最小二乘孪生支持向量回归机 (PLSTSVR) 学习算法。

对于线性情况，引入最小二乘方法，则式 (8-3) 和式 (8-4) 可以转化为

$$\begin{aligned}\min\quad & \frac{1}{2}\|Y-e\varepsilon_1-(Aw_1+eb_1)\|^2+\frac{1}{2}c_1\xi^{\mathrm{T}}\xi\\ \text{s.t.}\quad & Y-(Aw_1+eb_1)=e\varepsilon_1-\xi\end{aligned} \tag{8-15}$$

$$\begin{aligned}\min\quad & \frac{1}{2}\|Y+e\varepsilon_2-(Aw_2+eb_2)\|^2+\frac{1}{2}c_2\eta^{\mathrm{T}}\eta\\ \text{s.t.}\quad & (Aw_2+eb_2)-Y=e\varepsilon_2-\eta\end{aligned} \tag{8-16}$$

从式 (8-15) 中，我们可以看出，式 (8-15) 的松弛变量使用了权重是 $\frac{1}{2}c_1$的 2 范式，而不是式 (8-3) 的权重为 c_1 的 1 范式，这样做使得式 (8-3) 的约束条件 $\xi\geqslant 0$ 可以省略。这个简单的修改可以使式 (8-15) 的二次规划问题变成求解线性方程组的问题，把约束条件代入式 (8-15) 的目标函数，则式 (8-15) 可以写成:

$$L(w_1,b_1,\xi)=\min\ \frac{1}{2}\|Y-e\varepsilon_1-(Aw_1+eb_1)\|^2+\frac{1}{2}c_1\|(Aw_1+eb_1)+e\varepsilon_1-Y\|^2 \tag{8-17}$$

求式 (8-17) 关于 w_1 和 b_1 的导数，并令其为 0，可得

$$\frac{\partial L(w_1,b_1,\xi)}{\partial w_1}=-A^{\mathrm{T}}(Y-Aw_1-eb_1-e\varepsilon_1)+A^{\mathrm{T}}c_1(Aw_1+eb_1+e\varepsilon_1-Y)=0 \tag{8-18}$$

$$\frac{\partial L(w_1,b_1,\xi)}{\partial b_1}=-e^{\mathrm{T}}(Y-Aw_1-eb_1-e\varepsilon_1)+e^{\mathrm{T}}c_1(Aw_1+eb_1+e\varepsilon_1-Y)=0 \tag{8-19}$$

结合式 (8-18) 和式 (8-19)，可以导出:

$$\begin{bmatrix}A^{\mathrm{T}}A & A^{\mathrm{T}}e\\ e^{\mathrm{T}}A & e^{\mathrm{T}}e\end{bmatrix}\begin{bmatrix}w_1\\ b_1\end{bmatrix}+\frac{1}{c_1}\begin{bmatrix}A^{\mathrm{T}}A & A^{\mathrm{T}}e\\ e^{\mathrm{T}}A & e^{\mathrm{T}}e\end{bmatrix}\begin{bmatrix}w_1\\ b_1\end{bmatrix}$$

$$-\frac{1}{c_1}\begin{bmatrix} A^{\mathrm{T}} \\ e^{\mathrm{T}} \end{bmatrix}(Y-e\varepsilon_1)-\begin{bmatrix} A^{\mathrm{T}} \\ e^{\mathrm{T}} \end{bmatrix}(Y-e\varepsilon_1)=0 \tag{8-20}$$

则

$$\begin{bmatrix} w_1 \\ b_1 \end{bmatrix}=\begin{bmatrix} A^{\mathrm{T}}A+\dfrac{1}{c_1}A^{\mathrm{T}}A & A^{\mathrm{T}}e+\dfrac{1}{c_1}A^{\mathrm{T}}e \\ e^{\mathrm{T}}A+\dfrac{1}{c_1}A^{\mathrm{T}}A & e^{\mathrm{T}}e+\dfrac{1}{c_1}e^{\mathrm{T}}e \end{bmatrix}^{-1}\begin{bmatrix} A^{\mathrm{T}} \\ e^{\mathrm{T}} \end{bmatrix}(Y-e\varepsilon_1)\left(1+\frac{1}{c_1}\right) \tag{8-21}$$

$$\begin{bmatrix} w_1 \\ b_1 \end{bmatrix}=\left[\begin{bmatrix} A^{\mathrm{T}} \\ e^{\mathrm{T}} \end{bmatrix}[A\quad e]+\frac{1}{c_1}\begin{bmatrix} A^{\mathrm{T}} \\ e^{\mathrm{T}} \end{bmatrix}[A\quad e]\right]^{-1}(Y-e\varepsilon_1)\left(1+\frac{1}{c_1}\right) \tag{8-22}$$

令 $G=[A\quad e]$，$f=Y-e\varepsilon_1$，$u_1=[w_1\quad b_1]^{\mathrm{T}}$，则通过式 (8-22) 我们求出 w_1 和 b_1：

$$u_1=\begin{bmatrix} w_1 \\ b_1 \end{bmatrix}=\left(1+\frac{1}{c_1}\right)\left(G^{\mathrm{T}}G+\frac{1}{c_1}G^{\mathrm{T}}G\right)^{-1}Gf \tag{8-23}$$

注意到在实际计算中 $G^{\mathrm{T}}G$ 可能不可逆，因此在本书中引入正则化项 ωI 以避免 $G^{\mathrm{T}}G$ 的不可逆，其中 ω 是一个很小的正数，比如 $\omega=10^{-5}$。因此，式 (8-23) 可以写成：

$$u_1=\begin{bmatrix} w_1 \\ b_1 \end{bmatrix}=\left(1+\frac{1}{c_1}\right)\left(G^{\mathrm{T}}G+\frac{1}{c_1}G^{\mathrm{T}}G+\omega I\right)^{-1}Gf \tag{8-24}$$

类似地，我们可以把式 (8-16) 写成式 (8-25) 的形式：

$$L(w_2,b_2,\eta)=\min\ \frac{1}{2}\|Y+e\varepsilon_2-(Aw_2+eb_2)\|^2+\frac{1}{2}c_2\|Y-(Aw_2+eb_2)+e\varepsilon_2\|^2 \tag{8-25}$$

令 $h=Y+e\varepsilon_2$，则用相同的方法可以求出：

$$u_2=\begin{bmatrix} w_2 \\ b_2 \end{bmatrix}=\left(1+\frac{1}{c_2}\right)\left(G^{\mathrm{T}}G+\frac{1}{c_2}G^{\mathrm{T}}G\right)^{-1}Gh \tag{8-26}$$

如果式 (8-26) 加入正则项，确保 $G^{\mathrm{T}}G$ 是可逆的，则式 (8-26) 可以写为

$$u_2=\begin{bmatrix} w_2 \\ b_2 \end{bmatrix}=\left(1+\frac{1}{c_2}\right)\left(G^{\mathrm{T}}G+\frac{1}{c_2}G^{\mathrm{T}}G+\omega I\right)^{-1}Gh \tag{8-27}$$

当 u_1 和 u_2 分别由式 (8-24) 和式 (8-27) 确定后，便可通过训练数据的 ε_1 不敏感下界函数 $f_1(x)$ 和 ε_2 不敏感上界函数 $f_2(x)$ 确定最终的回归函数为

$$f(x)=\frac{1}{2}(f_1(x)+f_2(x))=\frac{1}{2}(w_1+w_2)x^{\mathrm{T}}+\frac{1}{2}(b_1+b_2) \tag{8-28}$$

为了更清楚地表达 LSTSVR 的实现过程，下面我们给出 LSTSVR 的具体算法步骤。

算法 8.1 线性最小二乘孪生支持向量回归机学习算法

步骤 1 定义 $G=[A \quad e]$，$f=Y-e\varepsilon_1$，$h=Y+e\varepsilon_2$；

步骤 2 选择合适的惩罚参数 c_1,c_2，上下界参数 $\varepsilon_1,\varepsilon_2$ 和正则化参数 ω；

步骤 3 利用式 (8-24) 和式 (8-27) 得到两个超平面的参数 w_1,b_1,w_2,b_2；

步骤 4 利用式 (8-28) 计算最终回归函数 $f(x)$。

注意到式 (8-24) 和式 (8-27)，本书提出的算法仅仅是计算 2 个线性方程组，最终计算 2 个维数是 $(n+1)\times(n+1)$ 的逆矩阵，其中 n 为维数，远远小于训练集的样本数 l，即 $n \times l$。并且，和 TSVR 的对偶二次规划问题 (式 (8-5) 和式 (8-6)) 相比，式 (8-24) 和式 (8-27) 没有任何约束条件，这意味着 LSTSVR 的学习速度比 TSVR 要快，特别是处理大样本数据时这种优势更加明显。

对于非线性情况，我们利用含有核函数的非线性回归估计函数代替线性回归估计函数，把线性 PLSTSVR 推广到非线性 PLSTSVR，类似线性情况，我们得到非线性回归估计函数：

$$f_1(x)=K(x^{\mathrm{T}},A^{\mathrm{T}})w_1+b_1,\quad f_2(x)=K(x^{\mathrm{T}},A^{\mathrm{T}})w_2+b_2 \tag{8-29}$$

其中 $K(x^{\mathrm{T}},A^{\mathrm{T}})$ 是任意的核函数，用松弛变量的 2 范式代替原来的 1 范式，则原来的不等式约束就变成了等式约束。

$$\begin{aligned}\min\quad & \frac{1}{2}\left\|Y-e\varepsilon_1-(K(A,A^{\mathrm{T}})w_1+eb_1)\right\|^2+\frac{1}{2}c_1\xi^{\mathrm{T}}\xi\\ \text{s.t.}\quad & Y-(K(A,A^{\mathrm{T}})w_1+eb_1)=e\varepsilon_1-\xi\end{aligned} \tag{8-30}$$

$$\begin{aligned}\min\quad & \frac{1}{2}\left\|Y+e\varepsilon_2-(K(A,A^{\mathrm{T}})w_2+eb_2)\right\|^2+\frac{1}{2}c_2\eta^{\mathrm{T}}\eta\\ \text{s.t.}\quad & (K(A,A^{\mathrm{T}})w_2+eb_2)-Y=e\varepsilon_2-\eta\end{aligned} \tag{8-31}$$

把约束条件代入目标函数，则原来的二次规划问题变成：

$$\min\quad \frac{1}{2}\left\|Y-e\varepsilon_1-(K(A,A^{\mathrm{T}})w_1+eb_1)\right\|^2+\frac{1}{2}c_1\left\|K(A,A^{\mathrm{T}})w_1+eb_1+e\varepsilon_1-Y\right\|^2 \tag{8-32}$$

$$\min\quad \frac{1}{2}\left\|Y+e\varepsilon_2-(K(A,A^{\mathrm{T}})w_2+eb_2)\right\|^2+\frac{1}{2}c_2\left\|Y+e\varepsilon_2-(K(A,A^{\mathrm{T}})w_2+eb_2)\right\|^2 \tag{8-33}$$

采用和上面线性情况类似的方法，令 $E=[K(A,A^{\mathrm{T}}) \quad e]$，则可求出 w_1 和 b_1：

$$\begin{bmatrix} w_1 \\ b_1 \end{bmatrix}=\left(1+\frac{1}{c_1}\right)\left(E^{\mathrm{T}}E+\frac{1}{c_1}E^{\mathrm{T}}E\right)^{-1}Ef \tag{8-34}$$

同样，也可以求出 w_2 和 b_2：

$$\begin{bmatrix} w_2 \\ b_2 \end{bmatrix} = \left(1+\frac{1}{c_2}\right)\left(E^{\mathrm{T}}E+\frac{1}{c_2}E^{\mathrm{T}}E\right)^{-1} Eh \tag{8-35}$$

如果 $E^{\mathrm{T}}E$ 不可逆，我们可以加入正则项来避免这个问题。则式 (8-34) 和式 (8-35) 变为

$$\begin{bmatrix} w_1 \\ b_1 \end{bmatrix} = \left(1+\frac{1}{c_1}\right)\left(E^{\mathrm{T}}E+\frac{1}{c_1}E^{\mathrm{T}}E+\omega I\right)^{-1} Ef \tag{8-36}$$

$$\begin{bmatrix} w_2 \\ b_2 \end{bmatrix} = \left(1+\frac{1}{c_2}\right)\left(E^{\mathrm{T}}E+\frac{1}{c_2}E^{\mathrm{T}}E+\omega I\right)^{-1} Eh \tag{8-37}$$

其中 ω 是一个很小的正数。一旦两个超平面的参数 w_1, b_1, w_2, b_2 确定，就可以确定回归函数 $f(x)$ 了。下面我们给出非线性 LSTSVR 的算法步骤。

算法 8.2　非线性最小二乘孪生支持向量回归机学习算法

步骤 1　选择一个合适的核函数 K；

步骤 2　定义 $E = [K(A, A^{\mathrm{T}})\ \ e]$，$f = Y - e\varepsilon_1$，$h = Y + e\varepsilon_2$；

步骤 3　选择合适的惩罚参数 c_1, c_2，上下界参数 $\varepsilon_1, \varepsilon_2$ 和正则化参数 ω；

步骤 4　利用式 (8-36) 和式 (8-37) 得到两个超平面的参数 w_1, b_1, w_2, b_2；

步骤 5　确定回归函数 $f(x)$。

和线性 LSTSVR 不同，非线性 LSTSVR 计算 2 个维数是 $(l+1)\times(l+1)$ 的逆矩阵，其中 l 是训练样本集的数目。但是和非线性 TSVR 的二次规划问题相比，式 (8-36) 和式 (8-37) 没有约束条件，所以非线性 LSTSVR 的学习速度比非线性 TSVR 要快。

8.3　实验与分析

为了测试所提出的 LSTSVR 算法的性能，我们将对人工数据集和 UCI 数据集进行测试，并和 SVR、LS-SVR (最小二乘支持向量回归机) 以及 TSVR 的测试结果进行比较。以上几种方法都是在 PC 机 (2G 内存，320G 硬盘，CPU E4500) 和 MATLAB 的环境中运行的。和很多其他的机器学习方法一样，这些方法的学习性能对参数的选择非常敏感。在本书中，对于非线性情况，我们仅仅考虑高斯核函数。所有算法参数的选取是从实验数据集中随机抽取 10% 作为子集，在区间$\{2^{-7}, 2^{-6}, \cdots, 2^{6}, 2^{7}\}$上采用 10 次交叉测试所得结果的最优值。

8.3.1 人工数据集上的实验

在本节中，我们采用这 9 个人工数据集测试我们所提出的 LSTSVR 算法的性能，并与 SVR、LS-SVR 和 TSVR 三个算法进行比较。表 8-1 列出了 9 个人工数据集的函数表达式和属性。其中，属性部分介绍了各个自变量的定义域范围，$U[a,b]$ 表示的是在 $[a,b]$ 上的均匀随机变量。为了更有效地测试我们的算法，在训练样本中，我们分别加入不同的零平均值高斯噪声和均匀分布噪声。下面，我们在人工数据集的函数表达式中加入这两种不同的噪声，加入噪声后的人工数据集分别为

$$y_i = f(x_i) + \xi_i, \quad \xi_i \sim N(0, 0.2^2) \tag{8-38}$$

$$y_i = f(x_i) + \xi_i, \quad \xi_i \sim U(0, 0.2) \tag{8-39}$$

其中 $N(c,d^2)$ 表示的是均值为 c，方差为 d^2 的高斯随机变量。

为了提高比较结果的可靠性，用 MATLAB 工具箱对每种噪声分别产生 10 组噪声样本，每组噪声样本包括 500 个训练样本和 500 个测试样本。表 8-2 是 SVR、LS-SVR、TSVR 和 LSTSVR 在高斯噪声下分别运行 10 次的平均结果。表 8-3 是 SVR、LS-SVR、TSVR 和 LSTSVR 在均匀噪声下分别运行 10 次的平均结果。图 8-1 是 SVR、LS-SVR、TSVR 和 LSTSVR 分别对两种带不同噪声的 Sin c 函数运行一次的结果。

表 8-1 人工数据集

数据集	函数表达式	属性
2-d Mexican hat	$f(x) = \dfrac{\sin\lvert x\rvert}{\lvert x\rvert}$	$x \sim U[-2\pi, 2\pi]$
3-d Mexican hat	$f(x) = \dfrac{\sin\sqrt{x_1^2 + x_2^2}}{\sqrt{x_1^2 + x_2^2}}$	$x_1, x_2 \sim U[-4\pi, 4\pi]$
Friedman #1	$f(x) = 10\sin(\pi x_1 x_2) + 20(x_3 - 0.5)^2 + 10x_4 + 5x_5$	$x_1, x_2, x_3, x_4, x_5 \sim U[0,1]$
Friedman #2	$f(x) = \sqrt{x_1^2 + \left(x_2 x_3 - \dfrac{1}{x_2 x_4}\right)^2}$	$x_1 \sim U[0,100], x_2 \sim U[40\pi, 560\pi]$, $x_3 \sim U[0,1], x_4 \sim U[1,11]$
Friedman #3	$f(x) = \arctan\dfrac{x_2 x_3 - \dfrac{1}{x_2 x_4}}{x_1}$	$x_1 \sim U[0,100], x_2 \sim U[40\pi, 560\pi]$, $x_3 \sim U[0,1], x_4 \sim U[1,11]$
Multi	$f(x) = 0.79 + 1.27x_1x_2 + 1.56x_1x_4 + 3.42x_2x_5 + 2.06x_3x_4x_5$	$x_1, x_2, x_3, x_4, x_5 \sim U[0,1]$
Plane	$f(x) = 0.6x_1 + 0.3x_2$	$x_1, x_2 \sim U[0,1]$
Polynomial	$f(x) = 1 + 2x + 3x^2 + 4x^3 + 5x^4$	$x \sim U[0,1]$
Sin c	$f(x) = \dfrac{\sin x}{x}$	$x \sim U[0, 2\pi]$

表 8-2　四种算法在高斯噪声下人工数据集的比较结果

数据集	SVR		LS-SVR		TSVR		LSTSVR	
	RMSE±STD	CPU 时间/s	RMSE±STD	CPU 时间/s	RMSE±STD	CPU 时间/s	RMSE±STD	CPU 时间/s
2-d Mexican hat	0.2102±0.0236	0.1445	0.2101±0.0214	0.1098	0.2079±0.0238	0.0952	0.2077±0.0235	0.0548
3-d Mexican hat	0.2522±0.0384	0.1536	0.2523±0.0377	0.0987	0.2421±0.0401	0.1049	0.2421±0.0403	0.0827
Friedman #1	1.7016±0.3285	0.1584	1.6928±0.3236	0.1165	1.6245±0.2605	0.0972	1.6244±0.2802	0.0548
Friedman #2	459.31±73.34	0.1633	461.28±75.38	0.0982	403.02±38.27	0.1135	382.55±32.96	0.0875
Friedman #3	0.7714±0.0542	0.1249	0.7802±0.0563	0.0723	0.3698±0.0478	0.0928	0.3715±0.0512	0.0453
Multi	0.2277±0.0275	0.1624	0.2279±0.0332	0.0635	0.2278±0.0289	0.0854	0.2265±0.0296	0.0325
Plane	0.2031±0.0223	0.1506	0.2031±0.0202	0.0785	0.2027±0.0314	0.0859	0.2026±0.0322	0.0574
Polynomial	0.2071±0.0194	0.1643	0.2073±0.0182	0.7824	0.2071±0.0174	0.0963	0.2063±0.0152	0.0575
Sin c	0.2091±0.0192	0.1535	0.2094±0.0182	0.0698	0.2089±0.0194	0.0885	0.2078±0.0188	0.0541

表 8-3　四种算法在均匀噪声下人工数据集的比较结果

数据集	SVR		LS-SVR		TSVR		LSTSVR	
	RMSE±STD	CPU 时间/s	RMSE±STD	CPU 时间/s	RMSE±STD	CPU 时间/s	RMSE±STD	CPU 时间/s
2-d Mexican hat	0.0623±0.0038	0.1485	0.0621±0.0032	0.0795	0.0608±0.0037	0.0962	0.0607±0.0036	0.0563
3-d Mexican hat	0.1452±0.0271	0.1439	0.1456±0.0266	0.1038	0.1239±0.0289	0.1905	0.1239±0.0296	0.1273
Friedman #1	1.5938±0.3345	0.1405	1.5935±0.3320	0.0636	1.4754±0.2320	0.0923	1.4225±0.2481	0.0576
Friedman #2	466.59±51.08	0.1152	461.28±75.38	0.0725	389.65±40.75	0.1025	378.93±41.93	0.0652
Friedman #3	0.7052±0.0958	0.1096	0.7047±0.0963	0.0725	0.3289±0.0745	0.0829	0.2956±0.0669	0.0512
Multi	0.1052±0.0148	0.1672	0.1052±0.0152	0.0854	0.1079±0.0123	0.0989	0.1065±0.0117	0.0435
Plane	0.0597±0.0042	0.1578	0.2031±0.0202	0.0753	0.0587±0.042	0.1009	0.0588±0.0045	0.0556
Polynomial	0.0633±0.0055	0.1658	0.0635±0.0058	0.0932	0.0591±0.0043	0.0963	0.0614±0.0038	0.0619
Sin c	0.0617±0.0052	0.1518	0.0585±0.0048	0.0946	0.0589±0.0042	0.0985	0.0592±0.0046	0.0536

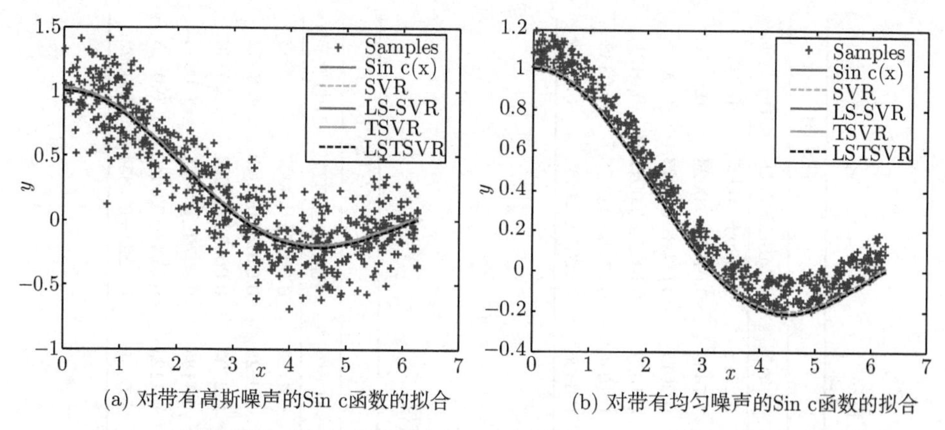

(a) 对带有高斯噪声的Sin c函数的拟合　(b) 对带有均匀噪声的Sin c函数的拟合

图 8-1　四种算法对带有高斯噪声 (a) 和均匀噪声 (b) 的 sin c 的拟合结果

从表 8-2 中我们可以看出，在高斯噪声下，LSTSVR 的泛化能力接近于 TSVR 的泛化能力，甚至有些数据集的结果比 TSVR 的结果更好。从时间消耗来看，LSTSVR 所用的 CPU 时间在四个算法当中是最少的。这些实验结果表明，和 TSVR 相比，在保证泛化能力不下降的情况下，LSTSVR 的效率得到了很大的提高。表 8-3 是四种算法对均匀噪声分布下的数据集所做的实验，从实验结果来看，LSTSVR 能在保持泛化能力不下降的条件下获得更快的训练速度。图 8-1 (a) 是四种算法在带有高斯噪声的 Sin c 函数上的拟合结果，图 8-1 (b) 显示的是四种算法在带有均匀噪声的 Sin c 函数上的拟合结果。从图 8-1 可以看出，LSTSVR 的拟合效果是最好的。

8.3.2　UCI 数据集上的实验

为了进一步测试我们所提出算法的性能，我们将对 6 个常用的 UCI 数据集 [2−5] 进行测试。这 6 个 UCI 数据集分别是 Boston housing、Concrete CS、Auto-mpg、CPU performance、Automobile 和 Diabetes。为了测试线性情况和非线性情况下 LSTSVR 算法的性能，在本节实验中我们分别采用线性核和高斯核作为 4 个算法的核函数。表 8-4 显示的是 SVR、LS-SVR、TSVR 和 LSTSVR 在线性核情况下对 6 个 UCI 数据集进行 10 次测试的平均结果。表 8-5 显示的是 SVR、LS-SVR、TSVR 和 LSTSVR 在高斯核情况下对 6 个 UCI 数据集进行 10 次测试的平均结果。

从表 8-4 中我们可以看出，对于大部分数据集，LSTSVR 的 RMSE 接近于 TSVR 的 RMSE 值，对于一些数据集，LSTSVR 得到的结果比 TSVR 还要好。这说明 LSTSVR 的泛化能力并不比 TSVR 的差，并且 LSTSVR 的 CPU 时间比 LS-TSVR 的要少一些，并远远小于 TSVR 和 SVR 的 CPU 时间，特别是对于样

表 8-4　采用线性核的四种算法对 UCI 数据集的实验结果

数据集	SVR		LS-SVR		TSVR		LSTSVR	
	RMSE±STD	CPU 时间/s	RMSE±STD	CPU 时间/s	RMSE±STD	CPU 时间/s	RMSE±STD	CPU 时间/s
Boston housing	0.0106±0.0021	1.0113	0.0112±0.0027	0.3743	0.0103±0.0022	0.2718	0.0099±0.0025	0.0832
Concrete CS	0.0135±0.0024	4.3586	0.0196±0.0022	1.0454	0.0106±0.0024	1.7432	0.0107±0.0024	0.6446
Auto-mpg	0.0067±0.0012	0.4745	0.0079±0.0015	0.1053	0.0060±0.0032	0.2674	0.0058±0.0023	0.0655
CPU performance	0.0122±0.0065	0.1598	0.0127±0.0033	0.0787	0.0113±0.0018	0.1022	0.0116±0.0012	0.0421
Automobile	0.0159±0.0013	0.1543	0.0172±0.0025	0.1065	0.0148±0.0012	0.1096	0.0145±0.0018	0.0332
Diabetes	0.7278±0.1576	0.0921	0.7289±0.1545	0.0197	0.7229±0.1463	0.0326	0.7227±0.1457	0.0078

表 8-5　采用高斯核的四种算法对 UCI 数据集的实验结果

数据集	SVR		LS-SVR		TSVR		LSTSVR	
	RMSE±STD	CPU 时间/s	RMSE±STD	CPU 时间/s	RMSE±STD	CPU 时间/s	RMSE±STD	CPU 时间/s
Boston housing	0.0102±0.0028	1.0142	0.0109±0.0022	0.3985	0.0104±0.0025	0.4713	0.0097±0.0027	0.2653
Concrete CS	0.0079±0.0021	5.7581	0.0086±0.0025	1.1518	0.0102±0.0028	2.8725	0.0103±0.0023	0.8552
Auto-mpg	0.0064±0.0006	0.5621	0.0068±0.0006	0.1245	0.0061±0.0007	0.2903	0.0057±0.0004	0.0936
CPU performance	0.0121±0.0092	0.1952	0.0128±0.0074	0.0936	0.0098±0.0115	0.1188	0.0072±0.0065	0.0685
Automobile	0.0157±0.0062	0.1925	0.0149±0.0065	0.1240	0.0145±0.0048	0.1123	0.0147±0.0042	0.0545
Diabetes	0.7175±0.1584	0.0921	0.7377±0.1685	0.0251	0.7225±0.1862	0.0485	0.7227±0.1854	0.0092

本数目较大的数据集来说，这种优势更明显。和其他三种算法相比，UCI 数据集上的实验进一步验证了 LSTSVR 可以在保持回归精度不下降的情况下获得更快的训练速度。

8.4 本 章 小 结

在本章中，我们提出一种孪生支持向量回归机 (twin support vector regression, TSVR) 的变形算法。首先，针对 TSVR 在处理大规模数据集时效率低下的问题，引入最小二乘思想，提出了最小二乘孪生支持向量回归机 (least squares twin support vector regression, LSTSVR)。在 LSTSVR 中，其目标函数可转化为两个线性方程组，计算复杂性仅与样本的维数有关，这种方法对于求解大规模数据集是非常有效的。

参 考 文 献

[1] Huang H J, Ding S F, Shi Z Z. Primal least squares twin support vector regression [J]. Journal of Zhejiang University-Science C-Computers & Electronics, 2013, 14(9): 722-732

[2] Peng X J. Primal twin support vector regression and its sparse approximation [J]. Neurocomputing, 2010, 73:2846-2858.

[3] Singh M, Chadha J, Ahuja P, et al. Reduced twin support vector regression [J]. Neurocomputing, 2011, 74:1474-1477.

[4] Xu Y T, Wang L S. A weighted twin support vector regression [J]. Knowledge-Based Systems, 2012, 33: 92-101.

[5] Chen X B, Yang J, Liang J, et al. Smooth twin support vector regression [J]. Neural Computing & Applications, 2012, 21(3): 505-513.

第 9 章 多生支持向量机

多生支持向量机 (multiple birth support vector machine, MBSVM) 是一种在支持向量机和孪生支持向量机基础上发展而来的多类分类机器学习方法。多生支持向量机继承了支持向量机和孪生支持向量机的优点，在处理非线性、多类别的多类分类问题中表现出分类准确率高、训练时间短等优势。多生支持向量机通过学习训练数据中的分布信息为每一个类生成一个超平面。这些超平面离其对应类别的样本点远而离其他类的样本点近，通过计算样本点到各个超平面间的距离进行样本类别的预测。多生支持向量机是 2013 年才被提出的新方法，因此，该方法的研究仍处于起步阶段，仍有许多问题值得研究和改进。

9.1 多类分类问题

从分类的角度讲，支持向量机 (SVM) 和孪生支持向量机 (TWSVM) 只能处理两类分类问题，不能将其直接用于解决多类分类问题 [1]。但是现实中的分类问题一般都是多类分类问题，例如，人脸识别往往要对多个人的面部数据进行分类；辅助医疗中也需要将就诊者分到健康或多种可能的疾病中的一种；手写字体识别需要识别的常用字更是有上千种之多。因此，多类分类算法的研究具有现实意义。用数学语言可以把多类分类问题描述如下：

定义 9.1 (K 类分类问题)　给定训练数据集

$$T = \{(x_1, y_1), (x_2, y_2), \cdots, (x_l, yx_l)\} \tag{9-1}$$

其中 $x_i \in R^n$，$y_i \in \varpi = \{1, 2, \cdots, K\}$，$i = 1, 2, \cdots, l$。据此寻找实数空间 R^n 上的一个决策函数 $f(x): R^n \to \varpi$，用以计算输入 x 对应的输出值 y。

为了使两类分类 SVM 和 TWSVM 能够求解多类分类问题，往往需要额外的扩展策略。已有的策略可概括为一次求解法和分解重构法 [2]。一次求解法通过在两类分类模型基础上作适当改变，构造一个优化问题一次性得到多个分类超平面。其本质是两类分类问题中二次优化问题的推广。一次求解法往往需要求解一个复杂的优化问题，计算时间复杂度高，难以用于实际问题。分解重构法将多类分类问题分解为若干两类分类问题，通过组合两类分类器实现多类分类的目标。分解重构法模型求解相对简单，是目前常用的策略 [3]。

多生支持向量机 (MBSVM) 是在 TWSVM 基础上采用“多对一”分解重构策略得到的一种多类分类算法 [4]。MBSVM 继承了 TWSVM 的基本思想，即将分类问题转化为构造分类超平面，通过为每个类构造一个超平面确定决策函数 (图 9-1)。同 SVM 和 TWSVM 一样，对于非线性可分的问题，MBSVM 也要首先将训练数据集通过一个非线性函数映射到高维空间中，经过映射后原始输入空间中的非线性可分的分类问题被转化为线性可分的分类问题。然后在高维空间中为每个类别建立一个离本类样本远而离其他类样本近的超平面。当得到新的样本需要分类时，只需要计算新样本到各个超平面的距离，新样本将被归为离其最远的超平面所对应的类别。

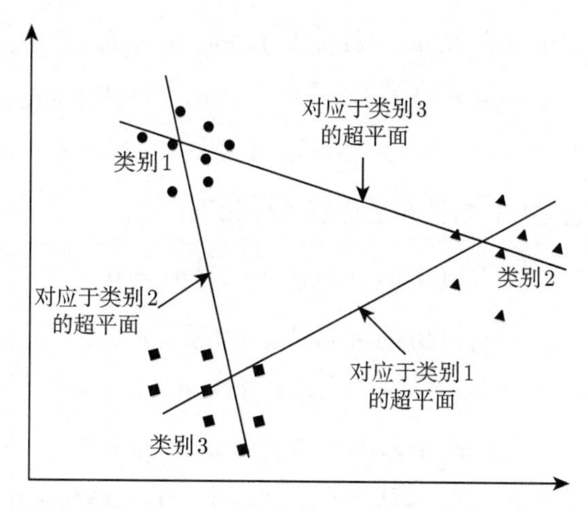

图 9-1 MBSVM 的基本思想

9.2 多生支持向量机的数学模型

9.2.1 线性多生支持向量机

为表述方便，用 m_k 表示第 k 类所包含样本的个数, 用矩阵 A_k 表示第 k 类训练数据，并定义

$$B_k = T/A_k = \{A_1, A_2, \cdots, A_{k-1}, A_{k+1}, \cdots, A_K\} \tag{9-2}$$

即 B_k 表示除第 k 类样本外剩余的所有训练样本。

对于线性可分的 K 分类问题，多生支持向量机的求解过程即在实数空间 R^n 中寻找到 K 个非平行的超平面，

$$x^{\mathrm{T}} w_k + b_k = 0,\ k = 1, 2, \cdots, K \tag{9-3}$$

以构造第 k 类的超平面为例。第 k 类的超平面通过求解以第 k 类的训练样本

作为负类，其余训练样本作为正类构建的二次规划得到。具体的二次规划如下：

$$\begin{aligned}\min_{w_k,b_k,\xi_k}\quad & \frac{1}{2}\left\|B_k w_k+e_{k1}b_k\right\|^2+c_k e_{k2}^{\mathrm{T}}\xi_k\\ \text{s.t.}\quad & (A_k w_k+e_{k2}b_k)+\xi_k\geqslant e_{k2}\\ & \xi_k\geqslant 0\end{aligned}\tag{9-4}$$

其中 c_k 为大于 0 的参数。一般二次规划式 (9-4) 的解通过求解其对偶问题得到。通过引入拉格朗日乘子可得拉格朗日函数

$$\begin{aligned}L(w_k,b_k,\xi_k,\alpha_k,\beta_k)=&\frac{1}{2}(B_k w_k+e_{k1}b_k)^{\mathrm{T}}(B_k w_k+e_{k1}b_k)\\&+c_k e_{k2}^{\mathrm{T}}\xi_k-\alpha_k^{\mathrm{T}}\left(-(A_k w_k+e_{k2}b_k)+\xi_k-e_{k2}\right)-\beta_k^{\mathrm{T}}\xi_k\end{aligned}\tag{9-5}$$

由此可得式 (9-4) 的 KKT 条件和最优解条件如下：

$$B_k^{\mathrm{T}}(B_k w_k+e_{k1}b_k)+A_k^{\mathrm{T}}\alpha_k=0\tag{9-6}$$

$$e_{k1}^{\mathrm{T}}(B_k w_k+e_{k1}b_k)+e_{k2}^{\mathrm{T}}\alpha_k=0\tag{9-7}$$

$$c_k e_{k2}-\alpha_k-\beta_k=0\tag{9-8}$$

$$(A_k w_k+e_{k2}b_k)+\xi_k\geqslant e_{k2},\quad \xi_k\geqslant 0\tag{9-9}$$

$$\alpha_k^{\mathrm{T}}\left((A_k w_k+e_{k2}b_k)+\xi_k-e_{k2}\right)=0,\quad \beta_k^{\mathrm{T}}\xi_k=0\tag{9-10}$$

$$\alpha_k\geqslant 0,\quad \beta_k\geqslant 0\tag{9-11}$$

由 $\beta_k\geqslant 0$ 和式 (9-8) 可得

$$0\leqslant\alpha_k\leqslant c_k e_{k2}\tag{9-12}$$

结合式 (9-6) 和式 (9-7) 可得

$$\begin{bmatrix}B_k^{\mathrm{T}}\\ e_{k1}^{\mathrm{T}}\end{bmatrix}[B_k\ e_{k1}]\begin{bmatrix}w_k\\ b_k\end{bmatrix}-\begin{bmatrix}A_k^{\mathrm{T}}\\ e_{k1}^{\mathrm{T}}\end{bmatrix}\alpha_k=0\tag{9-13}$$

定义 $H_k=[B_k\ e_{k1}]$，$G_k=[A_k\ e_{k2}]$，$z_k=\begin{bmatrix}w_k\\ b_k\end{bmatrix}$，则式 (9-13) 可写为

$$H_k^{\mathrm{T}}H_k z_k-G_k^{\mathrm{T}}\alpha_k=0\tag{9-14}$$

再代入拉格朗日函数 (9-5)，可得 MBSVM 的第 k 个二次规划问题的对偶问题为

$$(\mathrm{MBSVM_k})\qquad\begin{aligned}&\max_{\alpha_k} e_{k2}^{\mathrm{T}}\alpha_k-\frac{1}{2}\alpha_k^{\mathrm{T}}G_k\left(H_k^{\mathrm{T}}H_k\right)^{-1}G_k^{\mathrm{T}}\alpha_k\\&\text{s.t. }0\leqslant\alpha_k\leqslant c_k e_{k2}\end{aligned}\tag{9-15}$$

9.2.2 非线性多生支持向量机

如果所要处理的多类分类问题是非线性可分的，也即不能在原始空间中找到若干直线将训练样本正确划分开，MBSVM 采用特征变换将原始低维空间中的非线性可分问题映射为高维空间中的线性可分问题。接下来的工作实际上就是在高维再生空间中建立一个线性 MBSVM，值得注意的是要利用核函数的计算代替高维空间中内积的计算以避免“维数灾难”。

非线性情况下，MBSVM 将构建如下形式的 K 个基于核函数的超平面

$$K(x^{\mathrm{T}},C^{\mathrm{T}})u_k+b_k=0,\quad k=1,2,\cdots,K \tag{9-16}$$

超平面的法向量 u_k 和偏移量 b_k 通过求解下面的二次规划问题得到：

$$\begin{aligned}\min_{w_k,b_k,\xi_k}\quad & \frac{1}{2}\left\|K\left(B_k^{\mathrm{T}},C^{\mathrm{T}}\right)u_k+e_{k1}b_k\right\|^2+c_ke_{k2}^{\mathrm{T}}\xi_k\\ \text{s.t.}\quad & \left(K\left(A_k^{\mathrm{T}},C^{\mathrm{T}}\right)u_k+e_{k2}b_k\right)+\xi_k\geqslant e_{k2}\\ & \xi_k\geqslant 0,\ \ k=1,2,\cdots,K\end{aligned} \tag{9-17}$$

式 (9-17) 的拉格朗日函数为

$$\begin{aligned}L\left(u_k,b_k,\xi_k,\alpha_k,\beta_k\right)=&\frac{1}{2}(K(B_k,C^{\mathrm{T}})u_k+e_{k1}b_k)^{\mathrm{T}}(K(B_k,C^{\mathrm{T}})u_k+e_{k1}b_k)\\ &+c_ke_{k2}^{\mathrm{T}}\xi_k-\alpha_k^{\mathrm{T}}\left(-\left(K\left(A_k,C^{\mathrm{T}}\right)u_k+e_{k2}b_k\right)+\xi_k-e_{k2}\right)\\ &-\beta_k^{\mathrm{T}}\xi_k\end{aligned} \tag{9-18}$$

KKT 条件和最优解条件为

$$K\left(B_k^{\mathrm{T}},C^{\mathrm{T}}\right)^{\mathrm{T}}\left(K\left(B_k^{\mathrm{T}},C^{\mathrm{T}}\right)u_k+e_{k1}b_k\right)+K\left(A_k^{\mathrm{T}},C^{\mathrm{T}}\right)^{\mathrm{T}}\alpha_k=0 \tag{9-19}$$

$$e_{k1}^{\mathrm{T}}\left(K\left(B_k^{\mathrm{T}},C^{\mathrm{T}}\right)u_k+e_{k1}b_k\right)+e_{k2}^{\mathrm{T}}\alpha_k=0 \tag{9-20}$$

$$c_ke_{k2}-\alpha_k-\beta_k=0 \tag{9-21}$$

$$\left(K\left(A_k^{\mathrm{T}},C^{\mathrm{T}}\right)u_k+e_{k2}b_k\right)+\xi_k\geqslant e_{k2},\quad \xi_k\geqslant 0 \tag{9-22}$$

$$\alpha_k^{\mathrm{T}}\left(\left(K\left(A_k^{\mathrm{T}},C^{\mathrm{T}}\right)u_k+e_{k2}b_k\right)+\xi_k-e_{k2}\right)=0,\quad \beta_k^{\mathrm{T}}\xi_k=0 \tag{9-23}$$

$$\alpha_k\geqslant 0,\quad \beta_k\geqslant 0 \tag{9-24}$$

与线性情况类似，因为 $\beta_k\geqslant 0$，根据式 (9-21) 可知 $0\leqslant\alpha_k\leqslant c_ke_{k2}$。再结合式 (9-19) 和式 (9-20) 可得

$$\begin{bmatrix}K\left(B_k^{\mathrm{T}},C^{\mathrm{T}}\right)\\ e_{k1}^{\mathrm{T}}\end{bmatrix}\left[K\left(B_k^{\mathrm{T}},C^{\mathrm{T}}\right)\ e_{k1}\right]\begin{bmatrix}u_k\\ b_k\end{bmatrix}-\begin{bmatrix}K\left(A_k^{\mathrm{T}},C^{\mathrm{T}}\right)\\ e_{k1}^{\mathrm{T}}\end{bmatrix}\alpha_k=0 \tag{9-25}$$

将上式代入拉格朗日函数 (9-18)，便可以得到式 (9-17) 的对偶问题为

$$\begin{aligned}\max_{\alpha}\quad & e_{k2}^{\mathrm{T}}\alpha_k-\frac{1}{2}\alpha_k^{\mathrm{T}}V_k\left(S_k^{\mathrm{T}}S_k\right)^{-1}V_k^{\mathrm{T}}\alpha_k\\ \text{s.t.}\quad & 0\leqslant\alpha_k\leqslant c_k e_{k2},\quad k=1,2,\cdots,K\end{aligned}\tag{9-26}$$

其中 $S_k=\left[K\left(B_k^{\mathrm{T}},C^{\mathrm{T}}\right)\ e_{k1}\right]$，$V_k=\left[K\left(A_k^{\mathrm{T}},C^{\mathrm{T}}\right)\ e_{k2}\right]$。

9.3　多生支持向量机的改进算法

多生支持向量机具有时间复杂度低、训练速度快、泛化性能好等优点。然而 MBSVM 依然存在缺陷。比如，二次规划求解难度较大，这就降低了 MBSVM 的模型学习能力。目前已有一些改进算法被提出，这些改进算法进一步提升了 MBSVM 的性能。

9.3.1　多生最小二乘支持向量机

多生最小二乘支持向量机 (multiple birth least squares support vector machine, MBLSSVM) 是结合了最小二乘孪生支持向量机和多生支持向量机的优点得到的一种用于多类分类的机器学习算法。多生最小二乘支持向量机将不等式约束条件替换为等式约束使得模型可以转化为线性方程组，从而多生最小二乘支持向量机的训练仅需求解线性方程组就可以完成。

当处理线性可分的分类问题时，MBLSSVM 的数学模型为

$$\begin{aligned}\min_{w_k,b_k}\quad & \frac{1}{2}\left\|B_k w_k+e_{k2}b_k\right\|^2+\frac{v_k}{2}\left(\left\|w_k\right\|^2+b_k^2\right)+\frac{c_k}{2}\xi_k^{\mathrm{T}}\xi_k\\ \text{s.t.}\quad & \left(A_k w_k+e_{k1}b_k\right)+\xi_k=e_{k1},\quad k=1,2,\cdots,K\end{aligned}\tag{9-27}$$

在优化问题 (9-27) 中将约束条件代入目标函数可得

$$\min_{w_k,b_k}\frac{1}{2}\left\|B_k w_k+e_{k2}b_k\right\|^2+\frac{v_k}{2}\left(\left\|w_k\right\|^2+b_k^2\right)+\frac{c_k}{2}\left\|e_{k1}-\left(A_k w_k+e_{k1}b_k\right)\right\|^2\tag{9-28}$$

将无约束优化问题的目标函数分别对 w_k 和 b_k 求偏导，可得式 (9-28) 的 KKT 条件为

$$B_k^{\mathrm{T}}\left(B_k w_k+e_{k2}b_k\right)+v_k w_k-c_k A_k^{\mathrm{T}}\left(e_{k1}-\left(A_k w_k+e_{k1}b_k\right)\right)=0\tag{9-29}$$

$$e_{k2}^{\mathrm{T}}\left(B_k w_k+e_{k2}b_k\right)+v_k b_k-c_k e_{k1}^{\mathrm{T}}\left(e_{k1}-\left(A_k w_k+e_{k1}b_k\right)\right)=0\tag{9-30}$$

结合式 (9-29) 和式 (9-30) 易得式 (9-28) 的解可以通过求解下面的线性方程组求得

$$\left\{\begin{array}{l} B_k^{\mathrm{T}}\left(B_k w_k+e_{k2} b_k\right)+v_k w_k-c_k A_k^{\mathrm{T}}\left(e_{k1}-\left(A_k w_k+e_{k1} b_k\right)\right)=0 \\ e_k^{\mathrm{T}}\left(B_k w_k+e_{k2} b_k\right)+v_k b_k-c_k e_{k1}^{\mathrm{T}}\left(e_{k1}-\left(A_k w_k+e_{k1} b_k\right)\right)=0 \end{array}\right. \tag{9-31}$$

记 $H_k=[B_k\ e_{k1}]$，$G_k=[A_k\ e_{k2}]$，$z_k=\left[\begin{array}{c} w_k \\ b_k \end{array}\right]$，则上式可以写为

$$H_k^{\mathrm{T}} H_k z_k-c_k G_k^{\mathrm{T}}\left(e_k-G_k z_k\right)=0 \tag{9-32}$$

于是

$$\left[\begin{array}{c} w_k \\ b_k \end{array}\right]=\left(\frac{1}{c_k} H^{\mathrm{T}} H+G^{\mathrm{T}} G\right)^{-1} G e_1^{\mathrm{T}} \tag{9-33}$$

仅需引入核技巧，MBLSSVM 就能高效地处理非线性分类问题。非线性 MBLSSVM 的模型如下：

$$\begin{array}{ll} \min\limits_{u_k, b_k} & \dfrac{1}{2}\left\|K\left(B_k, C^{\mathrm{T}}\right) u_k+e_{k2} b_k\right\|^2+\dfrac{c_k}{2} \xi_k^{\mathrm{T}} \xi_k \\ \text{s.t.} & \left(K\left(A_k, C^{\mathrm{T}}\right) u_k+e_{k1} b_k\right)+\xi_k=e_{k1}, \quad k=1,2, \cdots, K \end{array} \tag{9-34}$$

类似于线性情况，二次规划 (9-32) 的解也可以通过求解线性方程组获得。式 (9-34) 对应的线性方程组如下：

$$\left\{\begin{array}{l} K\left(B_k, C^{\mathrm{T}}\right)^{\mathrm{T}}\left(K\left(B_k, C^{\mathrm{T}}\right) u_k+e_{k2} b_k\right)-c_k K\left(A_k, C^{\mathrm{T}}\right)^{\mathrm{T}} \\ \left(e_{k1}-\left(K\left(A_k, C^{\mathrm{T}}\right) u_k+e_{k1} b_k\right)\right)=0 \\ e_k^{\mathrm{T}}\left(K\left(B_k, C^{\mathrm{T}}\right) u_k+e_{k2} b_k\right)-c_k e_{k1}^{\mathrm{T}}\left(e_{k1}-\left(K\left(A_k, C^{\mathrm{T}}\right) u_k+e_{k1} b_k\right)\right)=0 \end{array}\right. \tag{9-35}$$

多生最小二乘支持向量机具有快速的训练速度和较高的分类能力，能够在没有额外的外部优化的条件下，高效处理大规模分类问题。

9.3.2 其他改进算法

非平行超平面多类分类支持向量机 (nonparallel hyperplanes support vector machine for multi-class classification，NHCMC) 是在 MBSVM 基础上引入一个体现结构风险最小化原则的修正项而得到的一种多类分类算法 [5]。NHCMC 的模型可以通过序列最小优化算法求解，训练速度快，结果精度较高。因此，NHCMC 算法较 MBSVM 稳定并且往往具有更好的分类准确率。非平行超平面多类分类支持向量

机的线性数学模型为

$$
\begin{aligned}
\min_{w_k,b_k,\eta_k,\xi_k} \quad & \frac{1}{2}c_1\|w_k\|^2+\frac{1}{2}\eta_k^{\mathrm{T}}\eta_k+c_2e_{k2}^{\mathrm{T}}\xi_k \\
\text{s.t.} \quad & B_kw_k+e_{k1}b_k=\eta_k \\
& (A_kw_k+e_{k2}b_k)+\xi_k\geqslant e_{k2} \\
& \xi_k\geqslant 0
\end{aligned}
\tag{9-36}
$$

二次规划问题 (9-36) 的对偶问题为

$$
\begin{aligned}
\min_{\widehat{\pi}} \quad & \frac{1}{2}\widehat{\pi}^{\mathrm{T}}\widehat{\Lambda}\widehat{\pi} \\
\text{s.t.} \quad & e_{k1}^{\mathrm{T}}\lambda-e_{k2}^{\mathrm{T}}\alpha=0 \\
& \widehat{c}_1\leqslant\widehat{\pi}\leqslant\widehat{c}_2
\end{aligned}
\tag{9-37}
$$

其中

$$
\widehat{\pi}=\left(\lambda^{\mathrm{T}},\alpha^{\mathrm{T}}\right)^{\mathrm{T}} \tag{9-38}
$$

$$
\widehat{\kappa}=\left(0-c_1e_k^{\mathrm{T}}\right)^{\mathrm{T}} \tag{9-39}
$$

$$
\widehat{c}_1=\left(-\infty e_{k1}^{\mathrm{T}},0\right)^{\mathrm{T}},\widehat{c}_2=\left(+\infty e_{k1}^{\mathrm{T}},\quad c_2e_{k2}^{\mathrm{T}}\right)^{\mathrm{T}} \tag{9-40}
$$

$$
\widehat{\Lambda}=\begin{bmatrix} \widehat{Q}_1\widehat{Q}_2 \\ -\widehat{Q}_2^{\mathrm{T}}\widehat{Q}_3 \end{bmatrix} \tag{9-41}
$$

$$
\widehat{Q}_1=B_kB_k^{\mathrm{T}}+c_1L,\widehat{Q}_2=B_kA_k^{\mathrm{T}},\widehat{Q}_3=A_kA_k^{\mathrm{T}} \tag{9-42}
$$

对于非线性可分的问题，仅需将 NHCMC 线性模型的对偶问题中的式 (9-42) 修改为

$$
\widehat{Q}_1=K\left(B_k,B_k^{\mathrm{T}}\right)+c_1L,\quad \widehat{Q}_2=K\left(B_k,A_k^{\mathrm{T}}\right),\quad \widehat{Q}_3=K\left(A_k,A_k^{\mathrm{T}}\right) \tag{9-43}
$$

加权线性损失多生支持向量机 (weighted linear loss multiple birth support vector machine, WLMBSVM) 是另一种改进的多生支持向量机算法 [6]，该算法将多生支持向量机模型中的 Hinge 损失项替换为加权线性损失项，其数学模型为

$$
\begin{aligned}
\min_{w_k,b_k,\xi_k} \quad & \frac{c_{k2}}{2}\left(\|w_k\|^2+b_k^2\right)+\frac{1}{2}\|B_kw_k+e_{k1}b_k\|^2+c_{k1}\left(v_k\right)^{\mathrm{T}}\xi_k \\
\text{s.t.} \quad & (A_kw_k+e_{k2}b_k)+e_{k2}=\xi_k,\quad k=1,2,\cdots,K
\end{aligned}
\tag{9-44}
$$

WLMBSVM 的模型等价于如下的线性方程组:

$$
\begin{cases}
c_{k2}w_k+c_{k1}A_k^{\mathrm{T}}v_k+B_k^{\mathrm{T}}\left(B_kw_k+e_{k1}b_k\right)=0 \\
c_{k2}b_k+c_{k1}e_{k2}^{\mathrm{T}}v_k+e_{k1}^{\mathrm{T}}\left(B_kw_k+e_{k1}b_k\right)=0
\end{cases}
\tag{9-45}
$$

一般情况下，$v_k=(v_{k1},v_{k2},\cdots,v_{km_k})$ 的值可由下面的公式确定：

$$v_{ki}=\begin{cases}10^{-4}, & \text{如果 } \xi_{ki}\geqslant J_1\\ 1, & \text{其他}\end{cases} \tag{9-46}$$

其中 J_1 是一个参数。

非线性情况下，WLMBSVM 的模型为

$$\begin{aligned}\min_{u_k,b_k,\xi_k}\quad & \frac{c_{k2}}{2}\left(\|u_k\|^2+b_k^2\right)+\frac{1}{2}\eta_k^{\mathrm{T}}\eta_k+c_{k1}\left(v_k\right)^{\mathrm{T}}\xi_k\\ \text{s.t.}\quad & K\left(B_k,C^{\mathrm{T}}\right)u_k+e_{k1}b_k=\eta_k\\ & \left(K\left(A_k,C^{\mathrm{T}}\right)u_k+e_{k2}b_k\right)+e_{k2}=\xi_k\end{aligned} \tag{9-47}$$

等价于如下的线性方程组:

$$\begin{cases}c_{k2}u_k+c_{k1}K\left(A_k,C^{\mathrm{T}}\right)^{\mathrm{T}}v_k+K\left(B_k,C^{\mathrm{T}}\right)^{\mathrm{T}}\left(K\left(B_k,C^{\mathrm{T}}\right)u_k+e_{k1}b_k\right)=0\\ c_{k2}b_k+c_{k1}e_{k2}^{\mathrm{T}}v_k+e_{k1}^{\mathrm{T}}\left(K\left(B_k,C^{\mathrm{T}}\right)u_k+e_{k1}b_k\right)=0\end{cases} \tag{9-48}$$

9.4 实验与分析

在人工数据集和真实数据集上分别对 MBSVM、MBLSSVM、NHCMC 和 WLMBSVM 进行实验。实验环境：Windows 7 操作系统，CPU 为 i3-2350M 2.3GHz，内存为 2GB，运行软件为 MATLAB 2012a。和很多其他的机器学习方法一样，这些方法的学习性能对参数的选择非常敏感。所有算法参数的选取是从实验数据集中随机抽取 10%作为子集，使用遗传算法得到参数最优值。在本书中，对于非线性情况，我们仅仅考虑高斯核函数。表 9-1 是所选用的数据集的具体信息。表 9-2 和表 9-3 中 ACC 表示对应算法的平均分类准确率，STD 表示 10 次实验所得分类准确率的标准差 [7,8]。

表 9-1 实验数据集的具体信息

编号	数据集	样本个数	样本维数	类别数
1	Wine	178	13	3
2	Glass	214	9	6
3	Balance	625	4	3
4	Iris	150	4	3
5	Vowel	528	10	11
6	Landsat	2000	36	6
7	Segment	2310	18	7
8	Seeds	210	7	3
9	DNA	3186	180	3
10	Optdigits	5620	64	10

表 9-2　实验数据集的具体信息

编号	数据集	OVA TWSVM	OVO TWSVM	MBSVM	MBLSSVM	NHCMC	WLMBSVM
1	Wine	95.16±1.20	98.41±2.23	95.77±1.41	95.98±1.76	98.98±1.02	94.98±1.76
2	Glass	45.91±4.81	49.66±5.87	43.56±6.32	46.56±3.65	48.56±3.25	46.66±4.11
3	Balance	83.52±3.63	85.54±0.79	85.66±0.86	86.78±1.12	86.67±2.74	85.67±1.93
4	Iris	88.33±2.32	86.32±1.33	88.67±3.26	88.62±3.67	88.70±2.35	88.62±3.18
5	Vowel	82.65±1.63	83.64±2.87	84.93±5.67	84.89±6.01	84.76±5.92	83.92±4.87
6	Landat	76.16±1.37	77.68±4.39	76.76±0.98	77.26±2.35	77.74±2.67	76.06±3.75
7	Segment	93.25±1.37	94.85±0.87	89.89±0.67	89.91±1.09	89.92±2.18	90.24±3.39
8	Seeds	95.19±3.65	95.65±2.62	95.72±2.69	94.59±3.96	93.48±3.78	96.59±2.126
9	DNA	85.82±3.86	85.99±1.66	78.26±2.63	86.69±3.78	79.51±4.86	80.76±3.25
10	Optdigits	95.75±1.02	96.13±1.37	96.28±2.64	95.28±2.98	96.83±3.01	95.76±4.62

表 9-3　实验数据集的具体信息

编号	数据集	OVA TWSVM	OVO TWSVM	MBSVM	MBLSSVM	NHCMC	WLMBSVM
1	Wine	97.02±1.69	98.62±2.22	95.93±1.91	96.31±1.17	97.62±2.77	97.21±3.11
2	Glass	48.91±5.24	50.15±6.32	43.33±5.12	45.62±4.36	50.36±5.16	48.69±3.24
3	Balance	85.98±2.68	85.46±0.79	86.35±0.86	86.99±1.25	87.32±2.35	86.34±1.83
4	Iris	96.99±1.15	97.32±2.15	97.33±4.23	97.98±3.28	96.67±3.36	97.18±3.73
5	Vowel	86.45±4.78	82.64±2.18	84.57±5.69	86.91±3.16	85.65±2.36	84.13±3.27
6	Landat	80.63±1.37	82.68±3.55	82.76±1.11	81.26±4.08	80.76±3.11	82.62±1.37
7	Segment	91.51±3.65	93.67±1.41	89.68±2.58	92.68±2.97	92.69±3.98	91.68±2.77
8	Seeds	93.19±1.20	95.65±2.53	95.17±7.98	94.68±2.17	95.68±2.34	96.62±3.82
9	DNA	85.75±3.84	89.42±1.66	78.82±3.46	84.68±2.93	88.54±3.81	84.61±4.17
10	Optdigits	98.15±1.33	97.38±0.80	97.42±1.15	97.68±1.72	98.29±2.27	97.68±1.39

从表 9-2 和表 9-3 可以看出相对传统 OVA TWSVM 和 OVO TWSVM，MBSVM 的分类准确率表现不是非常突出。但是经过后续的改进后，NHCMC、MBLSSVM 以及 WLMBSVM 的分类性能得到明显的提升。采用线性模型情况下，MBSVM 及其改进算法在 8 个数据集中取得最佳分类准确率。采用高斯核情况下，MBSVM 及其改进算法也在 8 个数据集中取得最佳分类准确率。因此，MBSVM 及其改进算法的分类性能相对传统 OVA TWSVM 和 OVO TWSVM 具有优势。

9.5　本章小结

在本章，首先给出了多类分类问题的定义，然后详细讨论了多生支持向量机的基本思想和数学模型。接着介绍了多生支持向量机的几种改进算法 —— 多生最小二乘支持向量机、非平行超平面支持向量机、加权线性损失多生支持向量机。

相对二分类问题，实际应用涉及的更多是多类分类问题。多生支持向量机是在孪生支持向量机基础上得到的一种新型多类分类算法。该方法继承了支持向量机和孪生支持向量机的特点，具有训练速度快、分类准确率高的优点。它的主要思想可以概括为：①它通过求解二次规划问题构建超平面的方式来处理多类分类问题，为每一个类构建一个超平面，这些超平面离本类的样本点远而离其他点样本近；②在处理非线性可分的多类分类问题时，通过非线性映射将低维输入空间转化为高维特征空间，经过转化后，样本在高维特征空间中是线性可分的，这个转化过程利用核函数实现可以避免“维数灾难”。

多生最小二乘支持向量机在最小二乘意义下修正多生支持向量机的二次规划模型，将不等式约束替换为等式约束。该方法的优化模型等价于线性方程组，训练过程仅需要求解线性方程组，因此，该方法与多生支持向量机相比，训练速度明显更快。非平行超平面支持向量机在多生支持向量机基础上引入一个体现结构风险最小化原则的修正项，模型可以通过序列最小优化算法求解。加权线性损失多生支持向量机利用加权线性函数重构多生支持向量机的模型，模型可以转化为线性方程组，在保持了较高的鲁棒性和分类准确率的基础上显著提升了算法的训练速度。

多生支持向量机的研究还处于起步阶段，相关成果不多。大多数相关研究还处于实验探索阶段，仅在有限常用数据集上的实验中验证了算法的可行性和有效性，理论证明和实际应用研究都有待开展和完善。

参 考 文 献

[1] Ding S F, Yu J Z, Qi B J, et al. An overview on twin support vector machines [J]. Artificial Intelligence Review, 2014, 42(2): 245-252.

[2] Xie J Y, Hone K, Xie W X, et al. Extending twin support vector machine classifier for multi-category classification problems [J]. Intelligent Data Analysis, 2013, 17(4): 649-664.

[3] Yang Z M, Wu H J, Li C N,et al. Least squares recursive projection twin support vector machine for multi-class classification [J]. International Journal of Machine Learning & Cybernetics, 2016, 7(3):411-426.

[4] Yang Z X, Shao Y H, Zhang X S. Multiple birth support vector machine for multi-class classification[J]. Neural Computing and Applications, 2013, 22(1):153-161.

[5] Ju X C, Tian Y J, Liu D L, et al. Nonparallel hyperplanes support vector machine for multi-class classification [J]. Procedia Computer Science, 2015, 51(1):1574-1582.

[6] Ding S F, Zhang X K, An Y X, et al. Weighted linear loss multiple birth support vec-

tor machine based on information granulation for multi-class classification [J]. Pattern Recognition, 2017, 67:32-46.

[7] Xu Y T, Guo R. A twin hyper-sphere multi-class classification support vector machine[J]. Journal of Intelligent and Fuzzy Systems, 2014, 27(4):1783-1790.

[8] Tomar D, Agarwal S. A comparison on multi-class classification methods based on least squares twin support vector machine[J]. Knowledge-Based Systems, 2015, 81(C): 131-147.

第10章 总结与展望

首先，从统计学习理论的基本知识到支持向量机与孪生支持向量机的基本理论，本书都做了详细论述。其次，本书系统地阐述了孪生支持向量机的发展，全面地介绍了该领域的最新研究成果。本书首次对这些成果进行系统梳理，供各应用领域的技术人员参考，但是其中仍然存在不少问题需要广大科研工作者深入研究。

10.1 总　　结

支持向量机是基于统计学习理论的传统机器学习方法，该算法已经得到了广泛认可并应用于许多实际问题。孪生支持向量机是最近几年在支持向量机基础上发展而来的新型机器学习方法，是基于统计学习理论的最新研究成果之一。和支持向量机不同，孪生支持向量机寻找的是两个不平行的超平面，要求每一个超平面离本类样本尽可能地近，离他类样本尽可能地远。其模型最终归结为求解两个二次规划问题，并且每个二次规划问题的约束条件只包含一类样本，这使得孪生支持向量机的计算效率相对传统支持向量机有较显著的提升。由于孪生支持向量机是机器学习领域中相对较新的方法，在很多方面尚不成熟，需要进一步地研究和改进。本书从核函数与惩罚参数的选择、提升泛化性能、提高学习速度、增强学习过程的健壮性以及多类分类拓展等几个方面进行研究，主要工作总结如下：

(1) 论述了统计学习理论基础、支持向量机理论基础和孪生支持向量机理论基础。介绍了机器学习的定义、发展史、基础知识和统计学习理论的基础知识，支持向量分类机和支持向量回归机的理论思想和算法模型，孪生支持向量机的算法思想、数学模型，并对有关的数学问题进行了必要的分析和推导，为本书内容的深入展开提供了基础理论支撑。

(2) 研究了孪生支持向量机的模型选择问题。孪生支持向量机的性能在很大程度上取决于模型中核函数和惩罚系数的选择，本书详细论述了孪生支持向量机模型选择的几个新方法。基于粗糙集的孪生支持向量机利用粗糙集理论对数据样本集进行特征选择，剔除某些不相关和冗余的特征，提高了算法的收敛速度和分类的正确率。基于粒子群算法的孪生支持向量机和基于果蝇算法的孪生支持向量机探究了利用群智能优化算法自动选取孪生支持向量机模型中的惩罚参数和核参数的可能性。基于混合核函数的孪生支持向量机组合具有不同学习能力和泛化能力的若干常用核函数得到性能更佳的混合核函数。基于小波核函数的孪生支持向量机利用小波函数构造得到了小波核函数。基于混合核函数的孪生支持向量机和基于小波核函数的孪生支持向量机为核函数的选择提供了新思路。

(3) 研究了光滑孪生支持向量机。针对光滑孪生支持向量机中 Sigmoid 函数的积分函数对正号函数的逼近能力不强的问题，构造一类多项式函数作为光滑函数，并将所构造的多项式光滑函数应用于孪生支持向量机的模型求解，提出了多项式光滑孪生支持向量机。针对光滑孪生支持向量机对异常点敏感的问题，引入 CHKS 函数作为光滑函数，并根据样本点的位置为每个训练样本赋予不同的重要性，以降低异常点对非平行超平面的影响，提出了加权光滑 CHKS 孪生支持向量机。从理论上证明了这两种算法的收敛性和任意阶光滑的性能，从实验方面验证了两种算法的有效性和可行性。

(4) 研究了投影孪生支持向量机。投影孪生支持向量机寻找的是一对投影轴。本书论述了在投影孪生支持向量机及其最小二乘版算法的基础上发展而来的若干新算法，包括：基于矩阵模式的投影孪生支持向量机、非线性模式下的递归最小二乘投影孪生支持向量机、光滑投影孪生支持向量机和基于鲁棒局部嵌入的孪生支持向量机算法。

(5) 研究了局部保持孪生支持向量机。针对多面支持向量机学习过程中并没有充分考虑样本之间的局部几何结构及所蕴含的鉴别信息的问题，将局部保持投影思想引入多面支持向量机分类方法中，提出局部信息保持的孪生支持向量机，该方法充分考虑了蕴含在样本内部局部几何结构中的鉴别信息，从而在一定程度上可以提高算法的泛化性能。

(6) 研究了原空间最小二乘孪生支持向量回归机。在孪生支持向量回归机中引入最小二乘思想，将原模型中的不等式约束条件修改为等式约束条件，得到原空间最小二乘孪生支持向量回归机算法，该算法直接在原空间对带有等式约束的二次规划问题进行求解，而不是在对偶空间解决这个问题，因此训练速度得到显著提升。

(7) 研究了多生支持向量机。多生支持向量机是在孪生支持向量机基础上发展而来的一种多类分类方法，是孪生支持向量机的重要拓展。详细分析了多生支持向量机的数学模型，并论述了多生最小二乘支持向量机、非平行超平面多类分类支持向量机、加权线性损失多生支持向量机等改进算法。

10.2　展　　望

尽管孪生支持向量机的发展已经取得了丰富的成果，但是仍然存在不少问题，需要广大科研工作者继续积极投入研究。本书针对孪生支持向量机的模型选择问题、光滑孪生支持向量、投影孪生支持向量机、局部保持孪生支持向量机、原空间最小二乘孪生支持向量回归机和多生支持向量机进行了深入研究，但是孪生支持向量机仍存在一些问题与不足之处，值得进一步的探索，以下是一些值得深入展开的研究方向：

(1) 为了能够合理地选择孪生支持向量机的参数，书中第 4 章提出了基于粒子群算法的孪生支持向量机和基于果蝇算法的孪生支持向量机等几种算法。这些算法能够显著提升参数选择的准确度。但是，每个算法又各自具有一些缺点，例如，基于粒子群优化的孪生支持向量机的算法泛化能力比较差，基于果蝇算法的孪生支持向量机容易陷入局部最优等。然而，目前还没有理论研究和实验研究可以针对所要处理的实际问题的特点对孪生支持向量机模型选择方法的选取给予指导。因此，研究模型选择方法的具体工作机理，探讨模型选择方法的性能与数据集的特点之间的联系是一个值得研究的内容。

(2) 核函数对孪生支持向量机的性能具有决定性影响，第 4 章通过合理组合常用核函数提出了基于混合核的孪生支持向量机。混合核的使用提高了孪生支持向量机的性能，但是也增加了算法的参数个数，而且混合核需要计算多个核函数，在计算上明显比单个核函数耗费的时间多，增加了算法的训练时间复杂度。小波核的使用拓宽了孪生支持向量机的核函数选择范围，但是小波核的形式有多种，适合不同的情境。如何选取合适的核函数的问题依然没有得到完全的解决，值得进一步研究。

(3) 光滑算法在孪生支持向量机模型求解中的应用显著提升了算法的训练速度，本书第 5 章提出的多项式光滑孪生支持向量机和加权光滑 CHKS 孪生支持向量机在分类准确率和鲁棒性等方面较原光滑孪生支持向量机有较大提升，但是算法求解精度仍有提升的空间。寻找或构造更优的光滑函数是下一步的研究工作。

(4) 基于矩阵模式的投影孪生支持向量机、非线性模式下的递归最小二乘投影孪生支持向量机、光滑投影孪生支持向量机和基于鲁棒局部嵌入的孪生支持向量机算法从不同角度对投影孪生支持向量机的性能进行了提升，但是这些算法的训练时间复杂度都比较高。下一步应该在保持分类准确率的基础上，提升算法的训练速度，降低时间复杂度。

(5) 局部保持孪生支持向量机充分考虑了训练数据的局部结构信息，能够很好地处理异或问题。但是，该算法训练速度慢，而且在处理数据不平衡的分类问题时，分类准确率不够高。下一步应该研究如何提升局部保持孪生支持向量机的训练速度和对数据不平衡问题的适用性。

(6) 原空间最小二乘孪生支持向量回归机直接在原始空间中进行模型的求解。与孪生支持向量回归机相比，该算法训练速度明显提升，能够快速处理较大规模的回归问题。但是，原空间最小二乘孪生支持向量回归机对离群点敏感。下一步应当通过对数据点适当赋予权重等方式提高算法的鲁棒性。

(7) 多生支持向量机是最近才提出的新方法，尽管已经有多生最小二乘支持向量机、加权线性损失多生支持向量机等一些研究成果，但是仍然存在许多研究空白。比如，由于多生支持向量机所采用的“多对一”策略将许多类的数据看作一类数据，因此会导致严重的数据不平衡问题；多生支持向量机不能很好处理数据分布成散射线的分类问题。多生支持向量机的研究需要广大专家学者继续积极投入。

索　引

Z